IRLANDE
ANGLETERRE
ECOSSE
GALLES
SIAM
INDES
BIRMANIE
CEYLAN
CHINE
JAPON
CANADA
RUSSIE
GRÈCE
HONGRIE
JAMAÏQUE
DANEMARK
CORSE
SUÈDE

TERRA NOVA
TERRE-NEUVE
SUD-AFRIQUE
ADVANCE AUSTRALIA
AUSTRALIE
Nelle ZÉLANDE
FRANCE
MAROC
ALLEMAGNE
FINLANDE
PORTUGAL
BELGIQUE
NORWEGE
TURQUIE
EGYPTE
PALESTINE
ESPAGNE
HOLLANDE
ITALIE
SUISSE

LES PYRAMIDES DE GIZEH VUES DU DÉSERT

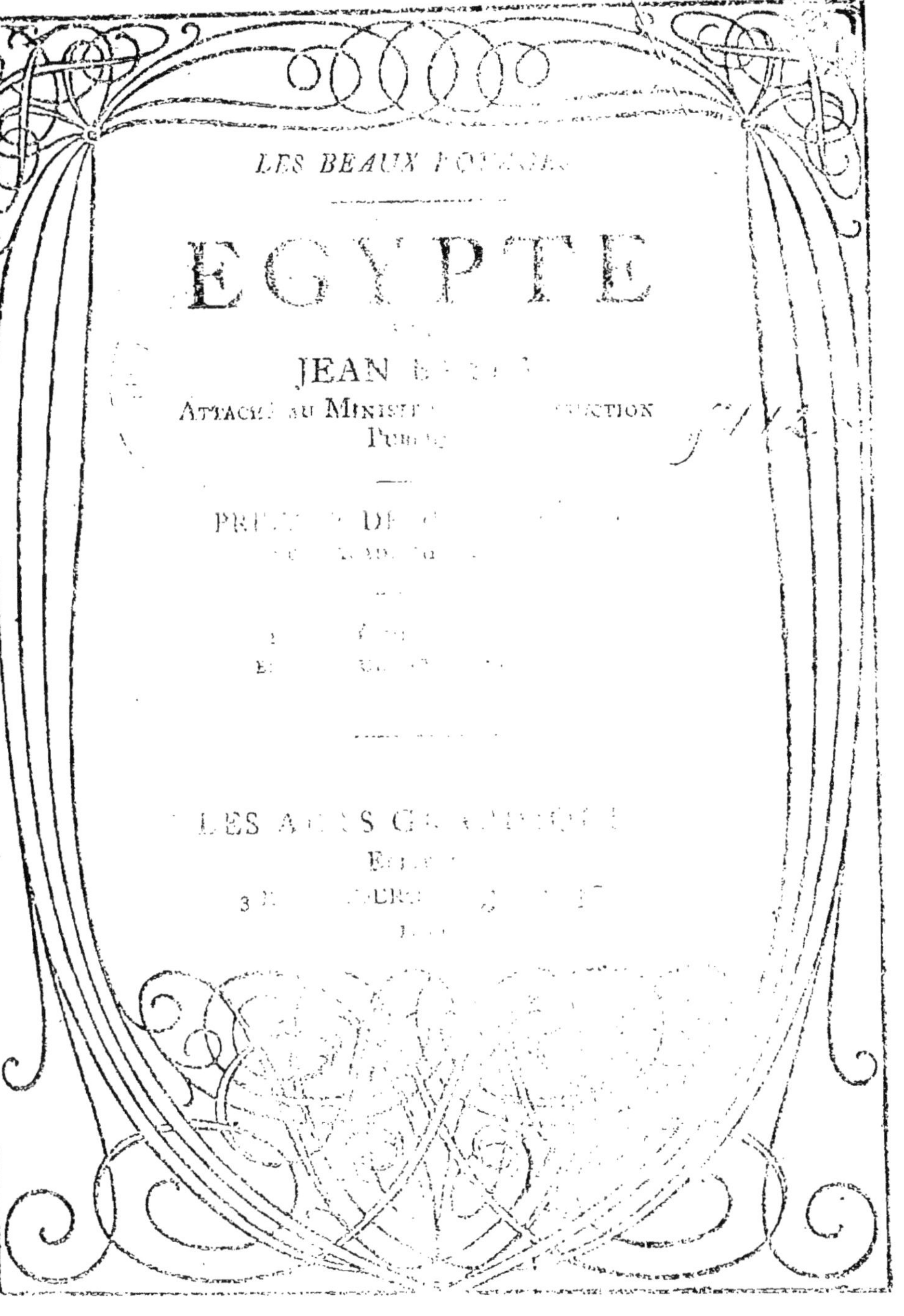

LES BEAUX

EGYPTE

JEAN

ATTACHÉ AU MINIST

LES A

[illegible] VUES DU DÉSERT

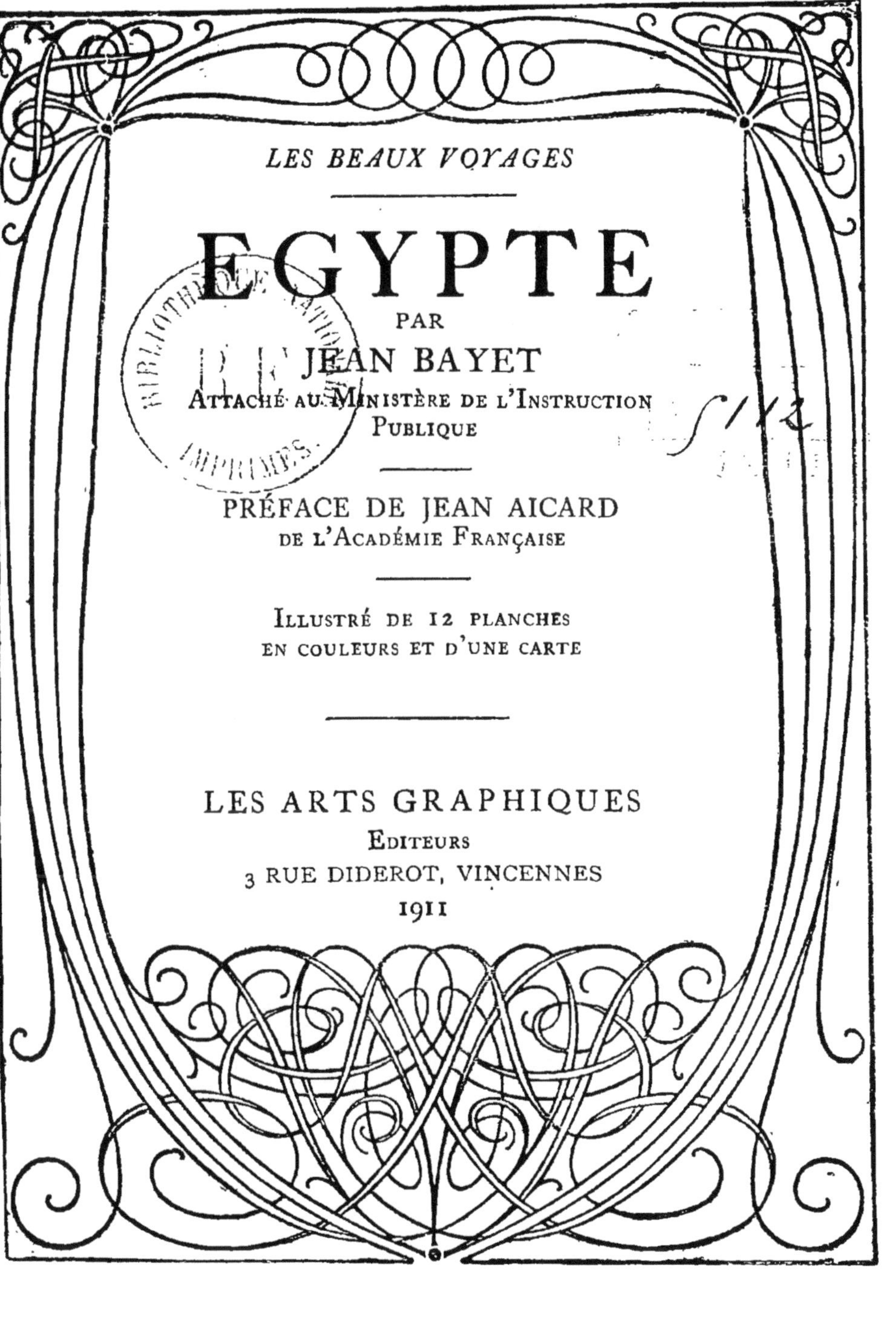

LES BEAUX VOYAGES

EGYPTE

PAR

JEAN BAYET

ATTACHÉ AU MINISTÈRE DE L'INSTRUCTION PUBLIQUE

PRÉFACE DE JEAN AICARD
DE L'ACADÉMIE FRANÇAISE

ILLUSTRÉ DE 12 PLANCHES
EN COULEURS ET D'UNE CARTE

LES ARTS GRAPHIQUES
EDITEURS
3 RUE DIDEROT, VINCENNES
1911

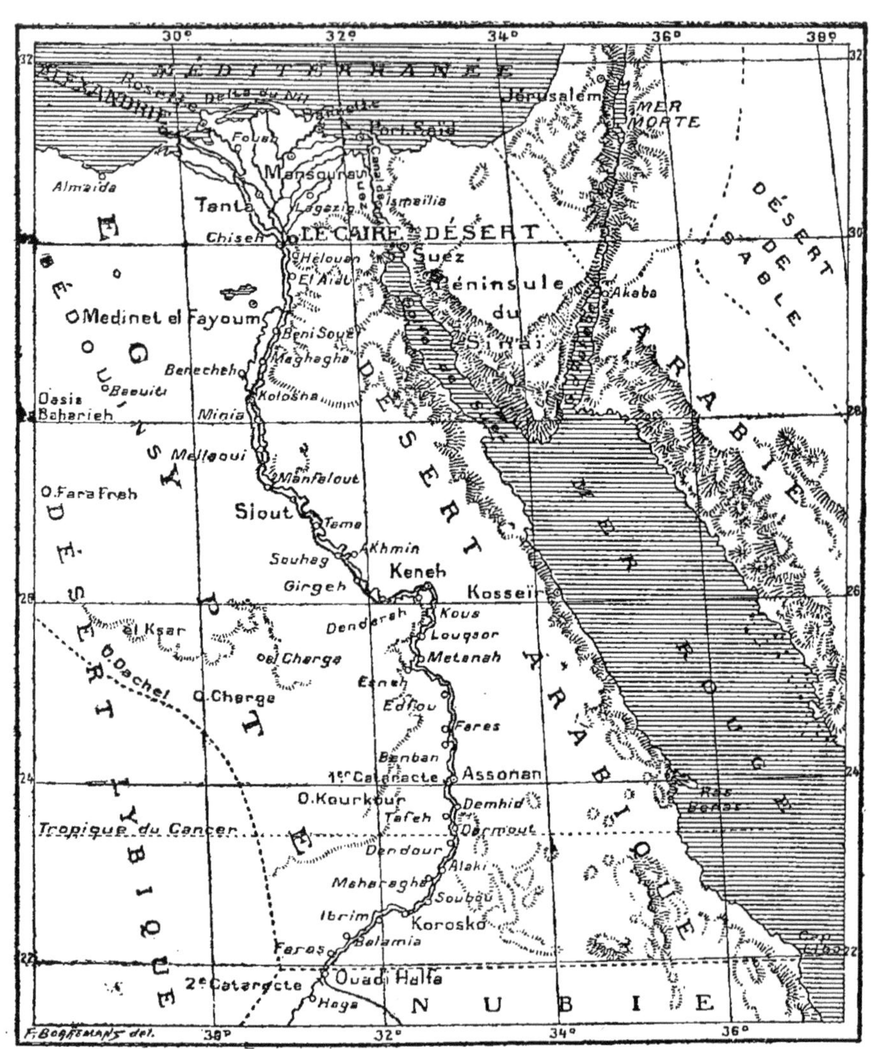

CARTE DE L'EGYPTE

PRÉFACE

PAR JEAN AICARD, DE L'ACADÉMIE FRANÇAISE

« Faire un beau voyage," quelle émotion soulevaient ces simples mots dans notre cœur d'enfant ! Quel trouble délicieux ils y éveillent encore !

Espérer, c'est vivre. Nous ne vivons vraiment que par l'attente d'on ne sait quoi d'heureux qui va probablement nous arriver tout à l'heure . . . ce soir . . . demain . . . ou l'année prochaine. Alors, n'est-ce pas ? tout sera changé ; les conditions de notre vie seront transformées ; nous aurons vaincu telle ou telle difficulté ; triomphé de l'obstacle qui s'oppose à notre bonheur, à la réalisation de nos désirs d'ambition ou d'amour. L'enfance, puis l'adolescence, se passent ainsi à appeler l'avenir inconnu, à le rêver resplendissant de couleurs magiques. Être jeune, c'est espérer, sans motif raisonné, malgré soi, à l'infini — c'est-à-dire voyager en esprit vers des horizons toujours nouveaux — courir allègrement au-devant de toutes les joies.

La plupart des hommes, rivés aux mêmes lieux par la nécessité, s'habituent à ne plus rien attendre. Ils ont appris plus ou moins vite que demain sera pour eux tout semblable à hier ; la ville ou le village ou les champs qu'ils habitent ne leur apprendront jamais rien de plus que ce qu'ils savent.

Dès qu'ils en sont sûrs, c'est qu'ils ont vieilli, vraiment vieilli — de la mauvaise manière ; mais, même alors, il arrive que ces mots enchantés, " faire un beau voyage," raniment en eux la force d'espérer, de rêver, de vouloir et d'agir. L'illusion féconde, dont parle le poète, rentre dans leur cœur. Et dès qu'ils se mettent en route, ils se persuadent qu'à chaque détour du chemin ils vont, comme le héros de Cervantès, voir apparaître l'Aventure, la chose nouvelle, l'événement exquis que les sédentaires (ils le croient du moins) ne sauraient rencontrer.

Et c'est là proprement le charme du voyage ; il est dans le renouvellement indéfini de notre faculté d'attendre avec joie. Voyager, c'est espérer ; voilà pourquoi le voyage est parfois un remède efficace aux grands chagrins. Il nous force à espérer encore. Un désir de voyage est essentiellement un désir de nouveau et d'amusant, d'inédit, de romanesque ou de féerique — en tous cas, de non-encore-vu.

L'avènement de l'exotisme en littérature a été un rajeunissement.

Le personnage de Robinson Crusoë incarne le voyage même, et il semble bien que jamais livre n'obtint succès plus grand et plus durable.

L'apparition de Paul et Virginie fut un enchantement. C'étaient Adam et Ève tout enfants, dans un Éden tout nouveau. Le voyage avait rajeuni l'innocence et l'amour même.

La curiosité et l'espoir se sentirent vivifiés avec Chateaubriand, puis avec Pierre Loti.

Nous autres, écoliers du XIXe siècle, n'avons-nous pas lu un moment, avec avidité, derrière un rempart de dictionnaires, de médiocres histoires de chasses en Amérique, d'Apaches et de Comanches — et sans images. Quant à la vraie géographie, à l'ethnographie scientifiques, avant les Reclus, elles se présentaient à nous sans ornement, sans pittoresque, sans couleur — dans des livres un peu ennuyeux et qui, en effet, nous rebutaient souvent.

On a compris aujourd'hui que les livres " d'instruction " destinés aux enfants doivent s'adresser à leur sensibilité, se faire aimer d'eux, exciter en eux "l'espérance," la bonne curiosité, c'est-à-dire la joie de vivre.

Les éditeurs des " Arts Graphiques " ont le projet de publier des ouvrages dont les illustrations, vivantes et colorées, documents précis, seront à la fois destinés aux jeunes écoliers et aux hommes, ouvrages d'éducation et d'amusement pour les uns, albums de souvenirs pour les autres.

Les six premiers volumes sont consacrés à l'Espagne, au Maroc, à l'Egypte, aux Indes, à la Chine et au Japon.

On n'attend pas ici une critique de textes, dus

à Monsieur Friedel, Bibliothécaire au Musée Pédagogique, auteur du volume sur l'Espagne ;
à Monsieur le Commandant Haillot, détaché à Casablanca, auteur du volume sur le Maroc ;
à Monsieur Jean Bayet, attaché au Ministère de l'Instruction Publique, auteur du volume sur l'Egypte ;
à Monsieur le Capitaine Marcel Pionnier, Chargé de Missions par le Gouvernement, auteur du volume sur les Indes ;
Et enfin à Madame Judith Gautier, Membre de l'Académie Goncourt, auteur des volumes sur la Chine et le Japon.

On trouvera, parmi les signataires des six volumes qui suivront, des noms des plus connus :

Préface

Monsieur Brieux, de l'Académie Française, auteur du volume sur l'Algérie ;
Monsieur de Noussanne, auteur du volume sur la Russie, etc. etc.

Avec de tels noms d'auteurs, l'ensemble de ces ouvrages se présente assez heureusement de soi-même au grand public ; mais ce qu'on peut tout particulièrement lui signaler, c'est l'intérêt que présentent les jolies planches en couleurs dont ces livres sont enrichis. La valeur documentaire positive en fait le premier mérite ; il est décuplé, pour la plupart de ces planches, par l'attrait que leur donne le ton à la fois juste et aimable des coloris.

J'imagine que beaucoup de ces illustrations sont des photographies en couleurs prises d'après nature ; telles autres sont des aquarelles, assurément exécutées d'après nature ; et toutes ces images sont des " portraits de pays " ressemblants et vivants.

Commenté par de pareilles images, le texte parlera aux yeux des enfants, fixera leur attention ; et, après les avoir vues, ils n'oublieront plus le pays où ils croiront avoir réellement voyagé.

En chaque série se résument les caractères généraux, très différents — des grandes contrées qu'elles mettent sous nos yeux.

Certes, la photographie de nos jours nous présente partout et à toute heure des documents aussi précis, mais non pas avec cette variété et cette gaîté de couleurs qui, pour les petits et les grands, est un attrait des plus vifs . . . qu'on se rappelle l'influence de l'ancienne et naïve imagerie d'Epinal sur nos cerveaux enfantins. Heureux les enfants d'aujourd'hui !

Comment, avec des mots, à moins d'être Pierre Loti,

donnerez-vous au lecteur l'idée de ce que peut être un prince hindou, un maharadja en grand costume ? Et que vous en dirait la photographie sans la couleur ? Comment saurez-vous que l'éléphant qui porte ce prince est vêtu d'un brocart d'or ? que le char sans roue, le trône, qu'on voit sur le dos de l'énorme animal est, comme le prince, un ruissellement de dorure ? L'image coloriée peut seule le dire ; à elle seule elle est un conte féerique ; et voilà une façon gaie d'apprendre aux bambins ce qu'est un maharadja et dans quelles somptuosités il parade parfois, sous un parasol d'or, et sur un éléphant recouvert d'or flamboyant et de pierreries rutilantes.

Le texte des deux volumes sur la Chine et le Japon a été demandé a Madame Judith Gautier.

Personne ne pouvait mieux qu'elle parler de cette Chine " qui a inventé tout ou presque tout, à une époque des plus reculées."

Lorsque cette série de douze beaux voyages s'achèvera par un voyage en Alsace-Lorraine signé d'un nom aimé et respecté, elle aura vraiment une signification éducatrice complète. Après avoir fait aimer aux esprits les moins aventureux le voyage d'agrément ou l'utile voyage d'exploration et de colonisation, elle affirmera que notre patrie aussi est belle — et semble plus belle encore, lorsqu'on la compare.

N'oublions pas que, parce qu'elle est belle et riche, la patrie française est, pour d'autres hommes, un objet de rêve et parfois de mauvaise envie. Un des fruits les plus savoureux des beaux voyages est l'estime nouvelle, l'amour renouvelé qu'ils nous inspirent à l'heure du retour, pour les mérites, pour les beautés de la terre française, pour " l'enchantement du ciel de France."

Préface

Dès que le Français s'est éloigné un temps de notre mère-patrie, il s'aperçoit mieux que jamais qu'elle a des vertus et des charmes incomparables. Plus qu'ailleurs, en France, l'homme trouve sécurité et liberté, on ne sait quelle façon d'aimer les autres hommes, que tout l'univers connaît bien — et qui fait dire quelquefois aux gitanes, ces sans-patrie : " C'est encore en France qu'on est le plus libre, et le moins malheureux."

Ceci est le mot authentique d'un bohémien dont le voyage fut la vie même.

JEAN AICARD

SAINT-RAPHAËL,
Août 1911

EGYPTE

CHAPITRE I

L'EGYPTE À TRAVERS LES AGES

La première impression, qui saisit le touriste, lorsqu'il foule le sol de l'Egypte, est une sensation d'étonnement et d'admiration. Il s'émerveille à songer qu'après tant de bouleversements économiques et sociaux, après tant de dynasties triomphantes, puis déchues, après l'invasion, les guerres, les dominations étrangères, il puisse retrouver encore intacte, sur cette terre antique, l'empreinte des civilisations disparues, jusque dans leurs manifestations les plus intimes et les plus familières.

Tant de pensées s'éveillent, pour qui cherche, dans l'âme du présent, le reflet du passé : pensées de gloire, pensées de ruine et de décadence, et surtout mystère impénétrable des siècles, que l'histoire n'a pu percer, et qui pourtant nous obsède par la présence de ces colosses de pierre surgis dans la nuit des âges.

Qui retracera jamais la vie des fondateurs préhistoriques de l'Egypte, sur lesquels à peine quelques lambeaux de papyrus desséchés nous donnent des indications incertaines ? Des noms pourtant s'imposent à nous : Chéops, Khéphren, Mykérinos, symboles inaccessibles, inscrits pour nous en caractères indestructibles, sur ces triangles fantastiques qui de leur masse écrasent les solitudes du désert memphite, garde royale étrange avec son sphinx, en faction depuis l'aube des siècles. L'histoire ne commence vraiment qu'avec ces Pharaons thébains, dispensateurs de richesse et de renommée, qui portèrent jusqu'aux confins de l'Asie-Mineure l'éclat de leurs armes, ces rois qui s'égalent aux plus fameux dans la mémoire des hommes : les Ramsès et les Thoutmos dont les frises des temples et les voûtes des sombres hypogées nous content encore les merveilleux exploits.

Mais le poids de cette gloire était trop lourd, et aussi l'héritage d'une civilisation trop brillante, éclose aux siècles où les autres peuples végétaient dans la misère et dans l'ignorance. Alors que les derniers représentants des grandes dynasties se débattaient, impuissants à soutenir tant de pouvoir et de richesses accumulées, tour à tour, comme à l'appât d'une proie magnifique, on vit se ruer à l'assaut des villes orgueilleuses, des bandes d'Assyriens, de Persans, de Grecs. Les Romains en firent une province de leur vaste empire ; les musulmans y élevèrent des dynasties éphémères qui tentèrent vainement de renouer, à travers tant de siècles, les grandes traditions de l'Egypte indépendante.

A la suite des soldats de Bonaparte, une équipe de savants et d'ingénieurs français initièrent les Egyptiens à la civilisation moderne qui s'implante de jour en jour plus fortement, sous la domination anglaise.

Plus encore que la guerre et l'invasion, l'immigration, l'envahissement méthodique des peuples étrangers ont fait de l'Egypte une terre bigarrée où se coudoient les éléments les plus disparates : Grecs, Juifs, Bédouins, Turcs et Levantins y voisinent avec les indigènes, avec les Européens de toutes nationalités. Et, comme coupée en deux par l'ébranlement de tant d'influences hétérogènes, l'antique race autochtone elle-même s'est divisée en deux groupes très distincts : d'un côté les Fellahs, qui abjurèrent pour la religion du Croissant le culte désuet des Apis et du divin

Amon ; de l'autre, les Coptes, qui célèbrent, dans d'humbles églises, le culte chrétien orthodoxe.

Or, malgré tant de schismes et de nouveautés, la terre d'Egypte et ses habitants ont conservé quelque chose d'antique et d'immuable, sur quoi les ans, semble-t-il, pas plus que le joug étranger, n'ont eu de prise. Immuable est l'ancienne patrie des Pharaons, comme le désert qui l'entoure de toutes parts et semble vouloir se resserrer, ainsi qu'un étau, sur l'étroite vallée du Nil, bordée de terres fécondes et des débris de temples orgueilleux ; immuable, comme le sable que le vent soulève en âpres tourbillons, et qui s'amoncelle sans trêve sur les obélisques, sur les pylônes et les statues, épars dans le désert, et jusqu'aux portes des villes : immuable comme le soleil brûlant, l'air radieux, l'athmosphère lumineuse de ce pays féerique comme le Sphinx, dont l'obsédant sourire semble déchiffrer sans fin quelque énigme qui déconcerte notre faiblesse humaine.

Si le touriste, empruntant une de ces barques plates, qu'on appelle dahabiehs, entreprend le voyage du Nil, comme il se faisait autrefois, ses impressions ne différeront pas sensiblement de celles qu'un voyageur de jadis pouvait éprouver en remontant le fleuve sacré. Sans doute il n'aura plus à craindre les crocodiles qui, dans les temps lointains, infestaient les eaux du fleuve sacré, au point que l'on devait, dans les jours réputés mauvais, se garder de toute navigation, si l'on ne voulait périr sûrement ; sans doute il sera troublé, de temps à autre, dans sa rêverie, par le haletement rauque des dynamos actionnant les lourds bateaux de la Compagnie Cook qui, sur leurs ponts à trois étages, emportent chaque jour, jusqu'aux villes sacrées, des bandes de visiteurs cosmopolites, avec leur attirail moderne et décevant de casques de liège, de lunettes bleues, et de kodaks. Mais en chemin, il croisera de gracieuses barques aux voiles blanches, toutes chargées de jarres, de cannes à sucre, de blés, ou de fèves odorantes : semblables à celles qui glissaient légèrement sur l'onde paisible, au temps des Pharaons ; il écoutera avec surprise la complainte monotone, un peu triste, dont les bateliers accompagnent leur travail : écho de chants vieux comme le monde, que les rameurs d'autrefois transmirent à ceux d'aujourd'hui ; sur les rives du fleuve, entre des touffes vertes de palmiers, sur lesquelles se découpe parfois un minaret tout blanc, resplendissant de lumière, il découvrira, aux pieds des montagnes roses, d'humbles villages, amas de huttes faites de boue desséchée, toutes pareilles à celles que les Egyptiens d'antan durent construire, pour leurs besoins domestiques. Et, sur les berges, en une lente cadence, scandée de quelques notes toujours identiques, il verra les Fellahs arroser leurs champs à l'aide de l'antique châdouf, qu'ils inclinent dans le fleuve en un geste rythmé et toujours pareil. N'est-ce pas le symbole d'une persistance étonnante que ce geste qui s'est répété, immuable, pendant des milliers et des milliers d'années ? Et cet agrès primitif, inventé par les premiers habitants de l'Egypte, pour parer aux insuffisances des inondations, et que n'ont pu encore remplacer les locomobiles à vapeur importées par l'Angleterre ? L'appareil, des plus simples, comporte une longue antenne qui s'appuie en bascule sur une traverse ; un seau est accroché à la pointe. Le paysan abaisse la tige flexible, le seau remonte jusqu'aux bords ; un autre homme le saisit au vol et le déverse dans un bassin creusé à même la berge. Tout cela se fait en chantant sur trois notes invariables, sans effort, en des mouvements harmonieux que scande le grincement des poulies. Tout le long du Nil, aux mois d'hiver, du Delta jusqu'aux confins de la Nubie, les antennes des châdoufs plongent et se relèvent, inlassablement; l'eau ruisselle sur le dos des travailleurs automates, sans que leur torse de bronze semble sentir ni les brûlants rayons du soleil, ni la sécheresse poussiéreuse des vents du désert.

Sans doute, absorbés par ce travail qui fut la manifestation primordiale et qui reste la condition vitale de la prospérité agricole du pays, le paysan d'aujourd'hui est-il hanté par quelque rêve obscur qui déjà agitait ses ancêtres, il y a cinq ou six mille ans. Les traits d'ailleurs, comme les attitudes, reproduisent exactement les types primitifs les plus anciennement connus. Ce sont les mêmes yeux allongés, les paupières lourdes, la bouche épaisse, les épaules massives plantées sur des bustes graciles que nous rencontrons sur les bas-reliefs de Thèbes ou de Memphis: race noble, énergique, résistante, aux muscles d'acier, aux members durs et déliés, aux fines attaches. Les femmes qui se meuvent, sculptées dans le granit, sur les longues frises des temples, ce sont bien les fellahines d'aujourd'hui, qui, sur les berges du fleuve, soulèvent les jarres pleines d'eau et les placent sur leurs têtes avec une grâce digne des filles de la Grèce antique. Vêtues de longs voiles noirs qui traînent sur le sable, elles vont, souples et cambrées, sans que leur démarche altière trahisse la fatigue de la lourde charge qu'elles portent, comme aux siècles lointains. Parfois, parmi ces femmes au teint cuivré, aux membres grêles, aux mains petites, que les durs travaux ont flétries précocement, un visage plus jeune et frais encore apparaît: c'est une vision de force alliée à une délicatesse exquise, où l'on retrouve l'empreinte affinée de l'antique beauté, que les temps n'ont point altérée ni dégradée.

Mais quel contraste saisissant, si l'on songe que ces hommes indifférents, passifs, et comme figés en une immobilité millénaire, sont les descendants directs de ceux qui charriaient, pour construire leurs temples et leurs pyramides, d'énormes blocs de granit arrachés aux flancs des montagnes, ou qui, à la suite d'un Sésostris ou d'un Thoutmos, se ruaient, en un brillant cortège, à l'assaut des villes d'Assyrie ou de la Palestine. Vêtus de loques misérables, ils vivent dans des cabanes de boue, au milieu de leurs chèvres et de leurs moutons : de leurs ancêtres, ils n'ont hérité que l'instinct de la lutte contre le désert, le désir de conquérir de nouvelles terres à la culture : comme eux, ils manient cette charrue primitive faite d'un grossier assemblage de deux morceaux de bois, et d'un soc de fer, qui s'enfonce sous la pesée de l'homme. Tant de gloires, de travaux prodigieux, qui font encore notre étonnement, n'ont laissé au Fellah d'aujourd'hui qu'une certaine noblesse, hautaine et fière : elle n'est pas faite de mépris : car il est accueillant et hospitalier ; sa politesse envers l'étranger témoigne de longues traditions de courtoisie.

Mais, sans doute, usé par l'effort extraordinaire qu'il réalisa, de si bonne heure, lassé par les dominations étrangères qui, tour à tour, pesèrent sur lui, il se résigne au joug : ne comptant point sur les races nouvelles pour lui rien révéler de grand, à lui l'héritier des puissants Pharaons, il laisse faire et se sent vieux.

Vieux, il l'est par excellence, ce peuple qui, avant tous les autres, offrit au monde le spectacle d'une civilisation des plus brillantes. Les plus anciennes dynasties d'Egypte, dont nous puissions suivre l'histoire, avec quelque certitude, ne remontent pas au-delà de 4000 ans avant Jésus-Christ. Mais bien avant cette époque, pendant des milliers et des milliers de siècles, l'Egypte fut habitée par une race qui avait ses traditions, sa langue, ses dieux.

Ce peuple, à une époque où les autres végétaient

dans l'ignorance et la barbarie, se constituait un état social, une religion complexe, une écriture rationnelle, tracée à l'aide de dessins savants, un art vigoureux qui s'affirmait par des créations puissantes et originales. Fait également curieux, cette civilisation, une fois formée, se maintint pendant une durée de quarante siècles, sans transformations profondes, sans innovations sensibles.

Il semble que, parvenue à un haut degré de développement, la vie de l'Egypte ancienne se soit figée en une forme immuable : aujourd'hui, encore, l'Egyptien, conscient de l'effort prodigieux réalisé par ses ancêtres, dans l'enfance du monde, semble indifférent au progrès moderne qui l'envahit et dont les manifestations se multiplient autour de lui.

Cette persistance, dans une civilisation déjà très développée, comme celle de l'ancienne Egypte, des caractères les plus primitifs, ce curieux mélange de foi naïve, de superstitions grossières et de conceptions élevées frappera le touriste, lorsqu'à travers les ruines amoncelées sur cette terre, il essaiera de surprendre le mystère de sa vie d'autrefois, de ressusciter, par la pensée, les mœurs, les croyances des Egyptiens, du temps des Pharaons.

S'il pénètre dans les temples colossaux élevés par la piété des ancêtres lointains des Fellahs d'aujourd'hui, il s'étonnera de cette variété surprenante de divinités qui s'inscrivent sur les frises et les parois : apparitions étranges, à figures d'épervier, de vautour, ou de chacal, à têtes humaines coiffées de hauts bonnets ou de casques guerriers. Nul peuple en effet ne créa plus de dieux que l'Egypte. Chaque tribu, chaque contrée eut les siens : or tandis que les théologiens, au cours du temps, inventaient des divinités nouvelles, d'une essence plus parfaite, ils ne pouvaient cependant détrôner, dans l'esprit du peuple, les dieux plus anciens que l'on continuait à vénérer. C'est ainsi que les divinités égyptiennes ne purent jamais se dégager complètement des apparences matérielles qui leur avaient été prêtées à l'origine, lorsqu'elles symbolisaient les forces de la nature : le ciel, la terre, les astres, le Nil, les animaux. Des dieux cosmiques comme Sowek, Thot, Chnoum, ou Prah, continuèrent à se manifester sous les symboles vivants du crocodile, de l'ibis, du bélier ou du bœuf. Au temps même où les Egyptiens, s'élevant à la conception d'un dieu unique, firent de Râ le maître de l'éternité, ils l'identifièrent avec le soleil. Quelle divinité d'ailleurs pouvait mieux s'imposer au respect de ce peuple, que ce soleil immuable qui vivifie cette terre de sa lumière dorée, qui échauffe les calcaires de ses monts et le sable de ses déserts, et qui, lorsqu'il décline, au crépuscule, embrase les horizons lointains, dans l'éblouissement féerique de ses roses incandescents ?

En entrant au Caire, dans ce Musée de momies, unique au monde, en parcourant le désert memphite, où sous de hautes pyramides tant d'Egyptiens d'autrefois furent ensevelis, en visitant les chaînes lybiques toutes perforées de couloirs et de vastes caveaux où reposèrent tant de générations, les voyageurs s'émerveilleront des soins minutieux, du luxe inouï, des précautions extraordinaires dont ils entouraient l'ensevelissement des cadavres et la conservation de leurs apparences matérielles. Quel spectacle bizarre que celui de ces corps, qui grâce à de savantes préparations, se sont conservés presque intacts depuis six ou huit mille ans.

Quelle impression étrange on éprouve lorsqu'au Musée du Caire, une simple étiquette en papier blanc, collée sur une boite, annonce ce nom, jadis redoutable : Ramsès II, Sésostris.

IRRIGATION DES CHAMPS

On distingue encore nettement le cou décharné de l'illustre vieillard, son nez crochu, cette tête impérieuse, empreinte d'une volonté dominatrice, dont la photogravure a popularisé la silhouette.

Toute cela reste inexplicable pour qui n'a point pénétré les croyances des anciens Egyptiens. Aucun peuple ne fut hanté davantage par l'idée de la mort. A ces hommes, pénétrés d'éternité, la vie ne semblait être qu'une préparation à la mort, à la survivance de ce reflet mystérieux, de ce double qui vivait, dans la tombe, à côté du défunt, et qui restait soumis aux mêmes besoins que les vivants. Pour apaiser sa faim, on représentait, sur les murs des chapelles tombales, des troupeaux de bétail et des champs d'orge, en même temps que des scènes familières retraçaient les détails de son existence parmi les hommes.

Les rois eux-mêmes, n'échappaient point à cette préoccupation : elle s'accompagnait seulement, pour eux, d'un luxe et d'une ostentation destinés à frapper l'imagination des peuples. C'est pour conserver plus longtemps leurs momies et celles de leurs descendants, qu'ils élevaient ces hautes pyramides, protectrices de leurs tombes. C'est pour échapper plus sûrement aux recherches des voleurs, des profanateurs de sépultures, qu'ils disposaient leurs caveaux au cœur des rochers, au bout d'un dédale de couloirs obscurs, fermés par des portes d'airain et creusés d'oubliettes.

Par son histoire, par les traces des civilisations qui tour à tour s'épanouirent et disparurent, par le reflet mystérieux de ses origines les plus lointaines, l'Egypte offre un champ merveilleux au touriste observateur, avide de s'instruire, de ressusciter, au spectacle des ruines grandioses, le souvenir des magnificences du passé.

Qu'il se promène à travers les villes ou dans les campagnes, il s'étonnera de voir surgir, auprès de l'Egypte des Pharaons, une Egypte nouvelle, façonnée à l'Européenne. Dans les cités, à côté des vieilles maisons indigènes, aux silhouettes pittoresques, des bazars où s'étale toute la friperie scintillante de l'Orient, il rencontrera des cafés, des magasins semblables à ceux de nos grandes villes. Sur les rives du Nil, où le Fellah s'obstine à plonger l'antique châdouf, des machines à vapeur, de hautes cheminées d'usines, des lignes télégraphiques, des wagons de chemins de fer, trahiront la vie industrielle d'aujourd'hui et les transformations qu'elle opère.

S'il s'enfonce dans les sables du désert, les Pyramides, les temples antiques épars dans les solitudes lui révèleront une Egypte ancienne, orgueilleuse encore, et qui défie la mort. Son imagination restera saisie des souvenirs que tant de générations accumulèrent sur cette terre, depuis le sphinx colossal et préhistorique de Gizeh, jusqu'à ce canal, œuvre des Fellahs d'aujourd'hui, qui ouvrit à la navigation des routes fermées de toute éternité.

CHAPITRE II

LA CÔTE — ALEXANDRIE — PORT-SAÏD — LE DELTA

Si l'on se rend de France en Egypte par le bateau de la ligne de Syrie, on arrive en vue d'Alexandrie dans la matinée du sixième jour. Hanté par les visions du passé, on s'attend presque à voir surgir, dans les lointains ensoleillés et radieux, la brillante cité des Lagides, toute resplendissante de porphyre et d'albâtre, avec ses sombres jardins. On se plaît à ressusciter, par la pensée, la ville splendide de richesses et de plaisirs, dont les Ptolémée avaient fait leur capitale, qui florissait aux temps où déclinait l'orgueilleuse Carthage; on évoque les souvenirs historiques si divers que son nom éveille tout naturellement dans l'esprit: la journée d'Actium où se décidaient les destinées de l'Egypte; Cléopâtre se donnant la mort, avec Antoine, pour ne point s'humilier, à Rome, derrière le char du vainqueur; puis les grandes querelles religieuses qui divisaient la cité, alors que les patriarches d'Alexandrie luttaient contre Constantinople pour la défense du culte orthodoxe.

Le touriste est un peu déçu par le spectacle qui s'offre à lui. De la pointe du Mex à la pointe d'Aboukir, s'étendent les teintes jaunes d'une côte plate, dépassant à peine le niveau de la mer; des lignes simples, sans contours, sur lesquelles se détachent, au loin, quelques maigres collines, ou la tache blanche d'une ville, au-dessus de laquelle se profile un haut minaret. Le pays semble amorphe, sans relief. Déjà l'on redoute l'ardeur du soleil, l'aridité des sables ; on a plaisir à rencontrer, cà et là, de fraîches oasis de verdure : là, les acacias, les sycomores, les parfums qui montent des jardins semblent inviter le voyageur au repos et à la rêverie. A Ramleh, une étroite bande de jardins sépare des flots de la mer les vagues de sable du désert : on entrevoit dans le lointain des lignes d'arbres qui annoncent les canaux du Delta et les magnifiques cultures de cette belle contrée.

Le port même d'Alexandrie offre les caractères généraux des ports de la Méditerranée. L'accent rauque des marins, la diversité de leurs robes, leurs coiffures caractéristiques ne suffisent pas à lui donner l'aspect d'un port nettement oriental.

Le malaise ne se dissipe pas, si l'on se promène à travers la ville : c'est d'abord un labyrinthe de rues étroites, tortueuses, terminées souvent par des impasses : un étrange encombrement de voitures, de fruits, de légumes, de poissons, sur un pavé visqueux, semé de débris végétaux, sous des lambeaux d'étoffes rouges qui protègent les étalages des marchands ; par moments, l'œil se perd dans des ruelles juives, sombres et désertes, d'où s'exhalent des odeurs d'huile. Puis, tout d'un coup, la lumière, le soleil ; des maisons modernes et inégales, des tramways bruyants : une foule cosmopolite, bigarrée, d'ouvriers grecs, italiens ou français. Enfin, l'ancienne place des Consuls, la place Mohammed-Aly, où se dresse la Bourse : centre et symbole de l'activité de cette ville, accaparée par les Grecs, les Syriens, les Arméniens, les Génois, livrée aux spéculations sur les terres et sur les cotons.

Le touriste cherchera en vain, à travers cette cité, pourtant ancienne, à pénétrer l'âme de l'ancienne Egypte, à connaître les mœurs du Fellah d'aujourd'hui. Colonisée de bonne heure par des populations de pirates, émigrés des les ou de la côte orientale, ouverte plus récemment à l'Europe, Alexandrie rappelle Constantinople, Smyrne, Beyrouth, tous ces ports de la Méditerranée où domine l'élément levantin. Légers et sans traditions, insinuants et audacieux, ces éternels voyageurs des mers orientales s'adaptent sans effort aux pays les plus divers ; ils y apportent leur passion du jeu, leurs appétits, leur goût des combinaisons hasardées. Ils dédaignent les indigènes, dont l'esprit leur demeure étranger, et sont eux-mêmes méprisés des Européens, fiers de leur force et de leur civilisation. Ils disposent en maîtres du commerce, des terres, des richesses agricoles. Mais le pays même leur reste fermé. Leur agitation n'ébranle pas la calme indifférence du Fellah, persuadé qu'Allah seul décide du succès des récoltes et de la prospérité du pays.

Port-Saïd, non plus, ne fait rien pressentir de l'Egypte. Mais il nous met en contact avec l'Orient, par son canal que sillonnent sans relâche les bateaux venus des Indes, de la Chine, de Madagascar, d'Océanie. Bâtie à l'aide de la boue retirée par les dragues, lors du creusement de l'isthme, la ville occupe, entre le lac Menzaleh et la Méditerranée, une étroite bande de sable, qui semble toujours prête à s'engloutir sous les vagues de la mer. Port de fortune, création artificielle de la volonté humaine, escale où se coudoient des races, insoucieuses les unes des autres, lieu de passage pour l'or et les richesses du monde entier. La statue de Ferdinand de Lesseps domine la digue ; elle rappelle la raison d'être de cette cité cosmopolite : ce canal géométrique, où circulent les paquebots géants, arborant les pavillons de toutes les nations, et les dragues qui, sans cesse, retirent le sable envahissant.

Le touriste aura tout vu, lorsqu'il aura jeté un

coup d'œil sur les bâtiments imposants de la Compagnie, lorsqu'il aura traversé le bazar qui s'ouvre dans la rue principale. La ville est sans harmonie et sans suite : construite de briques et de bois, elle semble pauvre, inachevée. Tout y paraît étranger à la tradition égyptienne : les maisons, avec leurs vérandahs, leurs balcons de bois, leurs galeries couvertes ; les cafés européens, avec leurs musiques assourdissantes ; la population, avec la variété de ses types et la facilité de ses mœurs qui annonce la vie coloniale.

Laissons donc Port-Saïd, désireux de connaître enfin l'Egypte ; gagnons l'intérieur des terres, par le chemin de fer qui file le long du canal.

Le paysage est pittoresque. Sur la droite, la nappe d'eau du lac Menzaleh, bordé de roseaux et d'eucalyptus qui couvrent les horizons lointains, où l'on voit fuir vers Damiette d'étranges barques de pêcheurs. Dans le lac s'ébattent des milliers d'oiseaux sauvages, des canards, des ibis, des pélicans fouillant les bas-fonds ; dans l'air, des mouettes tournoient, en escadrons serrés. A gauche, la ligne droite du canal de Suez ; les navires glissent majestueusement vers les contrées lointaines, encadrés de flottilles aux voiles blanches radieuses sous le soleil.

Bientôt les verdures riantes des provinces du Delta posent sur l'horizon leurs taches claires. Aussi loin que la vue s'étende, les blés ondulent, sous la brise caressante, coupés par des champs de trèfle ou des cultures d'oignons, aux couleurs ternes. L'air est tout parfumé des senteurs des fèves en fleurs. Les bosquets de palmiers tendent leurs branches vers le ciel ; à l'ombre des mûriers et des sombres tamaris, des bœufs, les yeux bandés, tournent inlassablement les moulins à eau qui montent leurs seaux, dans un incessant bruit de chaînes. Mais un écho lointain domine tous les bruits de la terre : un bourdonnement confus d'abeilles sauvages, dont les ailes étincelantes s'irradient au-dessus des champs en fleurs.

On s'émerveille à voir de grandes voiles blanches glisser lentement, à travers les prairies. Quand les eaux sont basses, les mâtures des bateaux dépassent à peine le niveau des terres, et les toiles flottantes semblent traîner sur le sol.

Les noms des villes évoquent les splendeurs du passé, le souvenir des plus anciennes dynasties qui résidèrent dans le Delta : Saïs, Bubaste, Tanis, Héliopolis, autant de cités qui connurent la gloire, au temps des Pharaons. Mais le touriste rencontrera peu de traces des anciens monuments élevés à la gloire des dieux ou des rois. Construits à l'aide d'énormes blocs de pierre, temples et obélisques, cédant à leur poids formidable, s'enfoncèrent rapidement dans la terre molle et boueuse, où l'irrigation entretenait une humidité constante. A peine si, dans la vieille Héliopolis, un obélisque se dresse, isolé, au milieu des champs, et si quelques débris apparaissent encore à la surface, aux environs de Mansourah.

Rien ne peut donner l'idée de cette nature riante, de la sereine beauté des soirs, lorsque les derniers rayons du soleil illuminent le ciel de lueurs empourprées, et que, légères, montent dans l'air les fumées des feux. Le jour pâlit : une à une, les étoiles paraissent à l'horizon. Le travail des charrues s'arrête ; on n'entend plus la roue des moulins à eau. Alors, les troupeaux regagnent lentement les fermes, conduits par les paysans recueillis : la paix des champs n'est plus troublée que par les premières notes de l'hymne que les grenouilles chantent aux ombres de la nuit.

CHAPITRE III

LE CAIRE

I

Vue générale — Les quartiers arabes — Les rues — La foule — Les boutiques — Les maisons arabes — Bazars et vieilles auberges

Le Caire n'est pas seulement une des villes les plus belles, les plus animées du monde oriental. Capitale de l'Egypte, il diffère des autres cités du pays, non seulement par son architecture, par l'aspect de ses maisons, mais par la vie même de ses habitants. Nulle part, l'empreinte arabe ne s'est marquée plus profondément.

Certes, les races les plus diverses se coudoient dans les rues : aux Juifs, aux Lévantins se mêlent les Européens de toutes nationalités établis dans la cité, les élégants qui, cherchant le soleil aux approches de l'hiver, font la " saison du Caire." Tant d'influences hétérogènes, tant de frôlements de races et de peuples n'ont pu pourtant faire disparaître, comme à Alexandrie, les caractères primitifs de l'antique résidence des sultans. Les Arabes ont défendu jalousement leurs traditions, leurs mœurs, troublés seulement, dans leur quiétude, par les bandes cosmopolites de touristes qui se répandent librement, et parfois sans retenue, à travers leurs monuments, leurs tombes, leurs mosquées. Au reste, deux villes, très distinctes, coexistent au Caire, que le touriste sépare, du premier coup d'œil. D'un côté, les centres européens, les

PALMERAIE, LE SOIR

Esbékieh et les Ismaïlieh, avec leurs maisons sans style, leurs avenues soignées, leurs cafés bruyants et, le soir, leurs flots de lumière électrique; de l'autre, la ville arabe, avec ses rues étroites et sordides, avec ses bazars et ses mosquées. Là, les siècles ont passé sans modifier ni les choses ni les hommes. Les quartiers européens, au contraire, se sont sensiblement transformés dans ces derniers temps : les jardins, les boulevards ombragés de jadis ont fait place à des rues, à des locaux de commerce, tandis que des habitations bourgeoises s'élèvent dans les nouveaux quartiers de Kasr-el-Dubara et de Ghézireh. Mais le contraste n'en est que plus frappant entre la ville arabe, pittoresque et mystérieuse, jusque dans ses coins les plus repoussants, et la cité européenne, avec ses tramways tapageurs, avec ses hôtels monstres, ses maisons pompeuses et de mauvais goût : mélange compliqué de roman, de gothique, d'égyptien, de style moderne, qui visent à l'effet et aboutissent au saugrenu.

Tant de disparates s'effacent, lorsque, s'élevant au-dessus de la plaine, on embrasse du regard l'immense panorama de la ville. Pour jouir d'un point de vue classique, allons voir se coucher le soleil du haut de la citadelle de Mohammed-Aly, perchée là-bas, en nid d'aigles, sur un contrefort de la chaîne arabique, et qui surplombe les plaines du Nil, comme un promontoire avancé.

Là, brusquement, tout un coin d'Egypte se révèle. A perte de vue, l'immensité des plaines vertes et des déserts jaunes ; au loin des roches fantastiques baignées de lueurs rosées. Quelques voiles blanches descendent le Nil. De la ville, par milliers, les hautes tiges des minarets dressent vers le ciel leurs pointes dentelées, percées de galeries et de colonnettes, ciselées d'arabesques. La cité européenne a disparu, laissant émerger, par endroits, quelques dômes et quelques clochetons. Les palmiers se balancent au-dessus des toits en terrasses ; çà et là, des bosquets d'orangers, sur lesquels tranchent les sombres verdures des cyprès et des sycomores. Au sud, des signes fabuleux : les triangles des pyramides, qui marquent la fin de la vallée du Nil et annoncent le règne du désert. Elles s'effacent dans la poussière du jour finissant et semblent suspendues en plein ciel. On devine les vestiges funèbres de Saqqarah, l'ancienne Memphis. Mais aux débris orgueilleux des Pharaons s'oppose, à l'est, un amas étrange de coupoles arabes. C'est, au milieu de sables arides et de roches désolées, les vestiges du cimetière des sultans mamelouks. Défendues du côté de la ville par la porte de la Victoire, les mosquées funèbres des Khalifes se tournent vers la Mecque, comme en un dernier et pieux pèlerinage.

La ville arabe est pleine de charme et d'imprévu. Il faut errer sans but à travers ses ruelles sinueuses, qui serpentent et se contournent à leur caprice. On est surpris de l'étroitesse des rues, où parfois une voiture ne saurait passer. Mais il n'y avait pas de voitures à roues, lorsque le Caire fut construit, et la ville était enfermée dans ses murailles. De jolies maisons anciennes aux colorations éclatantes entre-baillent leurs portes richement sculptées : on entrevoit derrière des cours fraîches et des jardins. Des toiles bariolées couvrent les bazars et les rues commerçantes. Partout le bruit, l'agitation, la variété des costumes, aux nuances vives. C'est un spectacle curieux que ces rues tortueuses et resserrées, encombrées par une foule qui se presse, se bouscule et parvient difficilement à s'écouler.

De temps à autre, on voit onduler lentement la bosse d'un chameau, qui porte dignement une ample charge de luzerne, exhalant la bonne odeur des champs.

Parfois il traîne à sa suite quelque attelage primitif auquel on fraye péniblement un passage. Les chèvres, les moutons errent librement et se repaissent de détritus qu'ils rencontrent, ou parfois, furtivement, décrochent un fruit ou un légume aux étalages des boutiques. Des éperviers, des faucons, des pigeons volent en cercle dans l'air où traînent des parfums d'encens. Des marchands courent, affairés, offrant leurs services. Les porteurs d'eau surtout ont fort à faire, car la ville est chaude et poussiéreuse, et l'on a toujours soif. Ces porteurs, aussi nombreux dans les rues du Caire que le sont à Paris nos camelots du boulevard, forment toute une hiérarchie : d'abord, le plus modeste de tous, le « sakka, » avec sa peau de chèvre gonflée d'eau dont une des pattes de devant sert de bouteille. Il va nu-pieds ; il porte une « gelabich, » ou longue robe bleue, toute usée, un tablier de cuir qui protège son dos contre l'eau qui goutte. Il arrose la rue, remplit les filtres des marchands, s'acquitte des menus travaux que lui confient les commerçants du quartier. Puis le « khamali, » qui fait tinter joyeusement ses gobelets de cuivre ; il porte sur le dos un grand pot en terre, plein d'eau filtrée ; si vous lui demandez à boire, il se penche en avant, et sait faire habilement couler l'eau du goulot de la cruche dans le gobelet de cuivre, sans en répandre une goutte à terre. Le « sussi » est un fort gaillard aux larges épaules, vêtu de rouge avec des écharpes de couleur enroulées autour de la tête : il porte, accrochée à une ceinture de cuir, une cruche en terre cuite. Il vous offrira, dans un bol de porcelaine de Chine bleue et blanche, de l'eau de réglisse ou de pruneaux. Mais le plus considéré des porteurs d'eau est le « sherbutli » vendeur de sorbets, de limonade, de boissons glacées : beaucoup se laisseront tenter à la vue de son énorme bouteille verte, montée sur cuivre et rafraîchie par un gros morceau de glace. Voici maintenant des piles de pains et de gâteaux ronds, empilés dans des bâtons qui s'érigent sur des paniers ou des plateaux d'osier : puis des voitures à ânes, chargées de ces pains plats sans levain dont le peuple se nourrit.

Le pâtissier annonce, à haute voix, les friandises qu'il porte sur sa tête, dans une corbeille : heureux si les pâtes dorées n'attirent pas quelque épervier ou quelque corbeau en maraude ; à côté, des marchands poussent dans leurs petites charrettes, des légumes frais et des fruits parfumés. De tous côtés, les conducteurs d'ânes offrent leurs montures aux promeneurs et aux oisifs. Ce sont des ânes gris, larges et solidement musclés : le tondeur les marque de curieux dessins sur les jambes et le museau, qui souvent sont peints : de leurs selles, en drap et en cuir rouge, pendent de longs glands qui se balancent, lorsqu'ils trottent, et font entendre la jolie musique des colliers de perles, des chaînes de cuivre et de laiton qu'on leur passe au cou.

La rue est pleine de vacarme : les marchands interpellent les clients ; les cochers crient pour faire ranger les piétons ; les enfants jouent bruyamment : au milieu de tous ces bruits, on entend confusément le bourdonnement des mouches qui infestent la ville et se pendent par grappes aux pâtisseries et aux bouteilles. Parfois le tumulte s'apaise : dominant les rumeurs de la ville, les chants des muezzins annoncent l'heure de la prière. C'est tout d'un coup, dans cette capitale affairée, la paix et le recueillement de nos campagnes, lorsque tinte l'Angélus, au clocher de l'église voisine.

Ce mouvement, cette agitation qui surprennent l'étranger, ne troublent pas la quiétude parfaite et l'impassibilité des musulmans ; ils passent, insouciants, pleins de dignité. Les plus pauvres se drapent, majestueux, dans leurs étoffes aux teintes défraîchies ; les petits commerçants ont la longue " gelabich " blanche en coton, que retient à la ceinture une cordelière de drap en couleur. Ils portent gracieusement à l'arrière de la tête, le rouge " tarbouch," ou fez, qui est universellement adopté dans les villes ; ils chaussent des souliers de cuirs jaune ou rouge, qu'ils tiennent à la main, lorsque les rues sont boueuses. Les commerçants aisés sont habillés de vêtements flottants, de " khaftans " en drap ou en soie de couleur, sur lesquels ils jettent librement en guise de manteau une peau de chèvre noire. Les fellahines sont gentilles ; mystérieuses comme aux temps de la légende, elles dissimulent leur visage sous le " bourka " ou voile qui les protège contre les regards indiscrets ; mais on voit les yeux qui sont souvent admirables. Elles sont couvertes de volumineux manteaux qui ne cachent pourtant pas entièrement leur costume, et laissent à nu les mains et les pieds qui sont d'une extrême finesse. Les femmes des classes riches ont d'ailleurs un " bourka " peu épais, presque transparent qui satisfait à la tradition, tout en contentant la curiosité du touriste.

Tout ce peuple est patient ; il ne s'irrite pas de l'encombrement ; il accepte aussi sans récriminer la pluie, la boue, les fondrières, les cloaques, car il n'y a pas de drainage dans le vieux Caire. Lorsqu'il pleut, l'eau séjourne pendant plusieurs jours. Les rues sont coupées par de véritables lacs, où les voitures enfoncent jusqu'aux essieux. Mais l'Arabe, plus philosophe que le Parisien, ne maudit pas son gouvernement : et, bravement, pour franchir les mares, il retrousse sa robe jusqu'aux genoux.

Les magasins sont gais et pittoresques. Un peintre de natures mortes s'arrêterait, avec admiration, devant les étalages multicolores de pommes rosées, d'oranges, de melons d'eau. Il n'est pas jusqu'à l'humble marchand de chandelles qui ne sache donner un aspect décoratif à sa devanture où s'alignent, en festons, des bougies de toutes grandeurs, diversement nuancées.

Les grands magasins exibent leurs soies et leurs cotons aux teintes chatoyantes : les métaux brillent aux étalages des bijoutiers, des chaudronniers, aux harnachements des selliers. Parfois, un moustiquaire habilement disposé à l'entrée d'une porte annonce le salon d'un barbier, digne émule de Figaro, gazette vivante de son quartier. De place en place, de petites portes en plâtre, bariolées de dessins pittoresques et malhabiles, invitent le promeneur à prendre un bain au " hammam " public.

Les cafés abondent dans la ville : ils tiennent d'ailleurs une place considérable dans la vie arabe. On n'y vient pas seulement pour se rafraîchir, mais pour connaître les faits du jour ou régler ses affaires. Les façades sont couvertes de peintures criardes ; elles comportent généralement un fronton en bois, avec de larges baies. Au dehors, sur de hauts bancs, les clients, les jambes croisées, fument leur pipe en sirotant leur café. A l'intérieur, quelques chaises, une plate-forme carrelée où s'alignent les ustensiles de cuisine, un petit feu de charbon de bois, pour le patron du café. Le plus souvent, une tente faite d'étoffes de couleur, protége contre l'ardeur du soleil ou contre l'averse, toujours à craindre au Caire. Le patron est avenant : le café est excellent. Les indigènes, pendant des heures, fument leur longue pipe d'opium ou de " hachisch."

Les maisons particulières ont beaucoup de cachet ; plusieurs sont de petits chefs-d'œuvre de style arabe. Elles sont hautes, bâties à la chaux ou en mœllons bruts couverts d'une couche de plâtre. La partie basse est souvent rayée de peintures jaunes, blanches, rouges. Les portes sont parfois très belles, avec leurs panneaux ciselés d'arabesques, leurs métaux variés, leurs lourds marteaux en bronze.

Des grilles de bois ou de fer, placées assez haut, ferment les petites fenêtres des rez-de-chaussée, dérobant à la vue l'intérieur de la maison. Il n'est pas rare de voir, même dans les plus riches demeures, des renfoncements où les petits boutiquiers installent leurs échoppes.

Les étages supérieurs font saillie sur le rez-de-chaussée, portés par des corbeaux de pierre sculptés. Ils donnent ainsi un peu d'ombre à la rue et agrandissent la maison, sans empiéter sur la rue, déjà si resserrée. Plus loin encore s'avancent de larges fenêtres-balcons, que supportent des poutres travaillées. Ces fenêtres sont garnies de curieuses cages de treillage que les Arabes appellent des "moucharabiehs." Le mot signifie "place pour boire." A l'origine, en effet, c'étaient de simples cages en treillage où l'on plaçait des cruches d'eau, qui permettaient aux gens de la maison de se rafraîchir à toute heure.

La richesse se répandant, on substitua à ces modestes treillages des paravents, formés d'une infinité de petites pièces de bois qu'on tournait en tous sens, de façon à obtenir des dessins variés et d'une extrême finesse. Les femmes, enfermées au harem, pouvaient se placer derrière, et prendre l'air sans danger d'être vues. Beaucoup de ces moucharabiehs sont d'un travail surprenant et d'un dessin exquis. C'est malheureusement une industrie qui disparaît: car les Anglais se sont pris de goût pour ces jolis objets qu'ils ont voulu faire servir à la décoration de leurs maisons. Les moucharabiehs ont été accaparés par les marchands du Caire, et transformés en ces meubles arabes, si répandus aujourd'hui en Angleterre.

Échappons à l'agitation du dehors, aux cris des marchands et des conducteurs d'attelages ; pénétrons, pour connaître la vie intime des Arabes d'Egypte, dans quelqu'une de ces maisons qui, par-dessus les boutiques, projettent leurs balcons et leurs élégants moucharabiehs.

Nous descendons quelques marches ; nous nous engageons dans un vestibule tournant, dont les sinuosités masquent l'intérieur de la maison aux regards des passants : car si les musulmans du Caire ouvrent leurs mosquées aux étrangers — trop librement peut-être — ils défendent encore jalousement leur vie privée. Nous arrivons dans une vaste cour, découverte, sur laquelle donnent les fenêtres intérieures de la maison. On vit ici en plein air. Sur un des côtés s'ouvre une grande niche, qui s'élève un peu au-dessus du pavé de la cour. Les traverses et les corniches du plafond sont richement ornementées ; un pilier élégant supporte la poutre qui traverse l'entrée. Des bancs en bois sculpté constituent tout le mobilier de la salle. C'est là que l'Arabe reçoit ses hôtes.

On trouve aussi, à l'intérieur, une salle de réception fermée pour la saison froide. Des canapés garnissent les fenêtres, dans lesquelles s'encadrent des vitraux peints, scellés dans du plâtre ouvragé, ou des moucharabiehs, aux ciselures dentelées. On ne rencontre guère de meubles : des plateaux bas, sur lesquels on sert les refraîchissements, des fourneaux de cuivre où brûle du charbon de bois. Mais une multitude de lampes descendent du plafond, dans les reflets chatoyants de verres diversement coloriés. Lorsqu'une infinité de petites flammes projettent au travers leurs feux colorés, et font resplendir les brillants costumes des hôtes de marque, on se croirait volontiers transporté tout d'un coup dans quelque demeure féerique

CAFÉ ARABE AU CAIRE

des *Mille et une nuits.* On se plaît à revivre, par la pensée, les intrigues romanesques de ces vieux contes ; on sonde avec effroi les passages secrets, percés dans les murailles, qui ne dissimulent plus aujourd'hui que de vulgaires placards ; et lorsqu'on rencontre, à quelque étalage de magasin, les armes meurtrières et les instruments de torture qui traînent dans les bazars, on évoque les dures sentences et les raffinements de cruauté des anciens khalifes.

Le touriste se promène avec plaisir dans ces magasins où, à côté de jolies étoffes, de curieux bijoux, s'étale tout un faux bric-à-brac, renouvelé avec soin, et propre à séduire les voyageurs naïfs, désireux de rapporter dans leur pays une ample moisson de souvenirs. Rien de plus pittoresque d'ailleurs et de plus amusant que ces étalages. On y vend de tout : de fausses momies, de fausses statues de dieux ou de Pharaons, des cimeterres turcs, des pipes et des boutons d'uniformes laissés par les soldats de Napoléon. Le mot bazar signifie marché. Et cela est significatif. En Egypte, comme d'ailleurs dans tout l'Orient, la plupart des objets n'ont pas un prix fixe. Chacun a la valeur que l'acheteur lui attribue : étoffes, tapis, parfums, curiosités, la moindre marchandise est l'objet d'interminables débats qui s'engagent entre client et vendeur, et qui peuvent durer pendant des heures pour la moindre babiole. Le marchand propose un prix très élevé : vous rabattez ; il proteste, jure qu'on veut sa ruine, invoque les dieux ; vous tombez d'accord sur le dixième du prix fixé tout d'abord, et vous êtes à peu près certain d'avoir fait un très mauvais marché.

Certains objets, pourtant, sont tarifés : ainsi les objets en cuivre, qui se vendent au poids. Le cuivre donne lieu à un commerce des plus actifs. C'est en effet une tradition dans le peuple, dans les classes même les plus pauvres, de consacrer ses économies, lorsqu'on s'établit, à acheter de la vaisselle de cuivre. On la revend aux jours de misère. Ainsi le cuivre circule sans cesse, et l'industrie des cuivres jaune et rouge est fort prospère au Caire. Jetez un coup d'œil, en passant, sur les étalages éclatants des petites boutiques carrées qui s'ouvrent dans la curieuse rue de " Suk-en-Nahassin," ou rue des Chaudronniers.

Tout à l'entour, des bazars de toutes sortes, consacrés chacun à un commerce différent. Il y a le bazar de la cordonnerie, le bazar de l'huile, des épices, le bazar des orfèvres : tous ont un cachet original. Un des plus pittoresques autrefois était l'ancien bazar persan, aujourd'hui presque entièrement démoli : on a également laissé tomber, avec une incurie et une insouciance très regrettables, le grand bazar des tapis, morcelé à présent en un grand nombre de petits magasins de curiosités.

A côté des bazars, le touriste rencontrera quelques auberges anciennes, à moitié ruinées, qui pourront lui causer quelque surprise.

Elles évoquent le commerce primitif de l'Egypte, au temps où de longues caravanes sillonnaient le pays, apportant au Caire les produits de la Chine, de la Perse, des Indes. On voyageait en nombre ; pour traverser les déserts impunément, il fallait pouvoir se défendre, à l'occasion, contre les tribus sauvages et errantes. Le Caire avait, pour ces caravanes, des " khanus," auberges aménagées d'une façon particulière. Au centre régnait une grande cour, où l'on attachait les chevaux et les chameaux ; tout autour, élevées un peu au-dessus du sol, de larges baies s'ouvraient aux marchandises exposées pour la vente. Les étages supérieurs renfermaient les chambres affectées aux conducteurs.

Ces auberges sont fort anciennes, et l'aspect en est fort curieux. Elles disparaissent malheureusement ; les paquebots et chemins de fer les ont déclassées en ruinant le commerce, tel qu'il se faisait, dans ce pays, depuis les âges les plus reculés.

Toutes les rues du Caire ne sont pas gaies et animées ; dans beaucoup de quartiers, on peut faire des kilomètres en voiture, sans risquer de se trouver en face d'un autre attelage, venant en sens inverse. Ces rues là semblent désertes, tant elles sont paisibles et silencieuses. Parfois les étages supérieurs des maisons opposées sont si proches les uns des autres qu'une ombre s'étend sur la rue, comme sous un tunnel. Ces quartiers sont d'une saleté repoussante : telles portes splendides, dans des maisons anciennes, disparaissent sous un amoncellement de débris accumulés depuis des centaines d'années. Cette déchéance émeut, comme une injure au passé, aux gloires disparues. Des habitations sordides ont pris la place des somptueux palais des Mamelouks. Et la misère s'étale, où régnaient autrefois le faste et l'éclat.

CHAPITRE IV

LE CAIRE

II

Les mosquées — Le cimetière des Mamelouks — Le désert memphite : Le Sphinx et les Pyramides, les tombeaux des Apis — Le Musée des Momies au Caire

Qui ne visiterait que les rues et les bazars du Caire, n'aurait qu'une idée superficielle et fausse de la vie arabe. Après avoir fréquenté les magasins où les commerçants de toute race accaparent le client et prônent bruyamment leurs marchandises, il faut se rendre dans les lieux où l'Arabe se recueille et prie, dans la solitude.

Ce qui frappe, avant tout, c'est le nombre prodigieux des mosquées. On en compte des centaines, ainsi que des tombeaux, avec des autels pour la prière. Il n'est pas rare d'en voir, à la file, deux ou trois qui, dans une même rue, enchevêtrent leurs architectures compliquées. Partout, dans l'air radieux, elles érigent leurs hauts minarets, découpés d'arabesques, percés de colonnettes au travers desquelles on voit le jour. Les plus anciennes, parmi ces constructions séculaires, se hérissent de perches de bois, refuges pour les oiseaux sauvages : juchés sur ces postes d'observation, quelques corbeaux ou quelques milans observent la ville et le désert.

Dominant les maisons avoisinantes, les façades des mosquées se dressent, hautes et sévères, percées à peine d'étroites fenêtres ogivales. Des rayures de vieux rouge zèbrent leurs murailles, que couronnent des créneaux en forme de trèfles, aux dessins variés. Parfois, à côté des minarets, de gigantesques bonnets de derviches s'enlèvent dans le ciel : ces coupoles recouvrent des tombeaux de saints, de guerriers, ou du donateur qui fit construire la mosquée. Plus d'un de ces donateurs n'a pas obéi à une pensée pieuse, tout à fait désintéressée. Car les khalifes, les cadis, les pachas, qui administraient autrefois les provinces, étaient des fonctionnaires cupides, semblables à ceux que nous présentent les contes des *Mille et une nuits*. Ils ne faisait pas bon être trop riche, car les grosses fortunes excitaient les convoitises des représentants peu scrupuleux du sultan. Aussi, pour glorifier leur mémoire et mettre en même temps leur fortune à l'abri, les marchands opulents s'empressaient de bâtir quelque pieuse fondation : l'argent affecté aux tombes et aux sanctuaires était, en effet, sacré pour tous.

Les merveilles de l'art arabe se révèlent dès l'entrée, percée dans une embrasure profonde, richement ornementée. On y accède par quelques marches et une rampe en marbre blanc, qui conduisent à une belle porte, en bronze forgé, verdie par le temps. De l'embrasure sort une perche, portant de curieuses petites lampes, qu'on allume aux jours de fête. En haut, des marches, une barrière basse que nul ne doit franchir, sans s'être déchaussé, car au delà est la terre sacrée.

La paix, la solitude règnent, dès qu'on a passé la porte. Les rumeurs du dehors n'arrivent pas jusque dans l'enceinte du temple, où l'on n'entend plus qu'un discret murmure de prières et le chant des oiseaux. La mosquée, comme la maison arabe, est en plein air. Si les artistes du temps y accumulèrent, pour honorer le prophète, des richesses splendides et des travaux d'art merveilleux, l'architecture en est simple, accueillante, familière. Allah ne veut point que ses fidèles s'humilient en des postures gênantes : il les reçoit, sur les tapis, à l'ombre des jardins, parmi les arbustes en fleurs. Le temple n'est, à vrai dire, qu'un vaste jardin, à découvert, enclos de grands murs qui étouffent les bruits de la rue. Au centre, la citerne où les croyants se lavent, avant de prier. Les palmiers centenaires balancent leurs plumets, ombrageant des rosiers, des hibiscus en fleurs. Les oiseaux volètent et se posent en liberté ; ils échangent leurs appels joyeux, attirés dans l'enceinte sacrée par les auges que les imans disposent à leur intention et qui sont toujours pleines d'eau du Nil.

Les fidèles sont discrets et silencieux, comme dans un couvent. On perçoit à peine leur pas feutré, lorsqu'ils traînent leurs babouches, à pas lents. Dans quelques coins ombragés et frais, des vieillards paisibles, sous leur blanc turban, s'isolent pour lire les livres saints ; quelques miséreux, sans domicile, viennent s'étendre sur les nattes accueillantes.

La cour est entourée de cloîtres, que supportent d'innombrables piliers ; ou des arceaux élevés, en forme de fer à cheval, découvrent de profondes embrasures. L'autel, ou " mihrab," se dresse au fond, orienté dans la direction de la Mecque. Mais, comme le sanctuaire n'est séparé des jardins que par de frêles colonnades, les fidèles peuvent le contempler en priant aussi bien à l'ombre des bosquets de palmiers qu'à l'intérieur du temple.

Il est difficile d'imaginer la richesse de ces sanctuaires, la splendeur des vitraux éclatants, des dallages en marbres, incrustés d'ivoire et de bois, des vieux plafonds de cèdre où reluisent les ors polis. Partout de savantes mosaïques de marbre aux nuances variées, des marbres, des porphyres déchiquetés pour former ces dessins arabes, si délicatement découpés, dont les facettes semblent des cristallisations merveilleuses. La partie la plus finement travaillée est le "mihrab," encadré de colonnes en marbre amarante, en vert antique, en porphyre rouge. Des colonnettes en lapis se détachent entre des dentelles de mosaïques: de frêles consoles, en bois sculpté, rehaussées de dorures et de peintures, soutiennent les plafonds où brillent des ors et des enluminures précieuses, dont les teintes vives se sont apaisées et fondues sous la patine du temps.

Le mausolée du donateur communique avec le sanctuaire par une baie garnie parfois d'un grillage. C'est une seconde mosquée, plus sombre, coiffée d'une haute et bizarre coupole. Là aussi, on peut prier, s'agenouiller sur les nattes, proches du catafalque en marbre blanc. Le décor est pareil, sinon également riche: consoles en bois peint et doré, vitraux resplendissants et, dans les plafonds de cèdres ciselés, les nids des oiseaux qui ont libre accès aussi dans la demeure du donateur.

La mosquée sert d'école: aux étages supérieurs, dans une pièce gaie, ouverte à l'air, les garçons et les filles du quartier récitent le Coran, qui est encore aujourd'hui le fondement de leur instruction.

Les mosquées du Caire sont anciennes: elles ont des siècles d'existence. Pourtant, elles paraissent déjà près de nous, sur cette terre où tant de monuments évoquent le souvenir des époques les plus lointaines. Le touriste, curieux de connaître les traces laissées dans ce pays par la civilisation musulmane, visitera le cimetière arabe, à l'est de la ville; pendant la saison, c'est, au clair de lune, un va-et-vient de caravanes bruyantes de voyageurs montés sur de paisibles bourricots.

A peine a-t-on tourné les dernières rues du vieux Caire, qu'on se trouve dans le sable. En face le désert, la solitude. C'est une étrange impression que ces immensités vides, au sortir d'une ville tumultueuse. La lune éclaire de ses pâles reflets les sables blêmes, les rochers aux teintes fauves : sa lumière diffuse donne aux choses un aspect spectral, immatériel. Sur les sables, des mosquées se dressent des maisons fermées et muettes, des petits enclos semés de stèles blanches. C'est la ville des morts ; par milliers, on rencontre ces enclos pour sépultures, avec leurs dalles funéraires, invariablement encadrées de deux stèles. Nulle voix dans ces maisons : personne n'y habite ; mais à certains jours, les familles s'y rassemblent, pour honorer leurs morts.

Les dernières stèles, puis de nouveau le désert s'ouvre. Partout des ruines, disséminées dans les sables : d'orgueilleuses mosquées, belles encore, dans leur déchéance, avec leurs dômes brodés d'arabesques, leurs murailles couronnées de trèfles dentelés.

Ce sont les fastueux tombeaux des sultans mamelouks, qui, aux XIVe et XVe siècle, tenaient l'Egypte sous leur dure domination. Les tombes des oppresseurs sont respectées par les croyants : mais on les délaisse ; le temps fait son œuvre. C'est un amas chaotique d'arceaux brisés, de coupoles éventrées, d'éboulis de pierres sculptées qui jonchent le sable.

Laissons ces ruines parasitaires et cherchons l'âme ancienne de ce pays de l'autre côté du Nil, où, dans les solitudes du désert lybique, se dressent ces apparitions légendaires dans lesquelles l'imagination des peuples a, de tout temps, symbolisé l'Egypte ancienne : le Sphinx et les Pyramides. C'est aujourd'hui une simple promenade, des plus faciles : un tramway vous conduit au pied des pyramides. Car là aussi le cosmopolitisme et la civilisation sévissent : derrière la pyramide de Chéops, un vaste hôtel s'est dressé : des guinguettes voisines s'échappent des refrains de cafés-concerts, tandis que des Bédouins avides

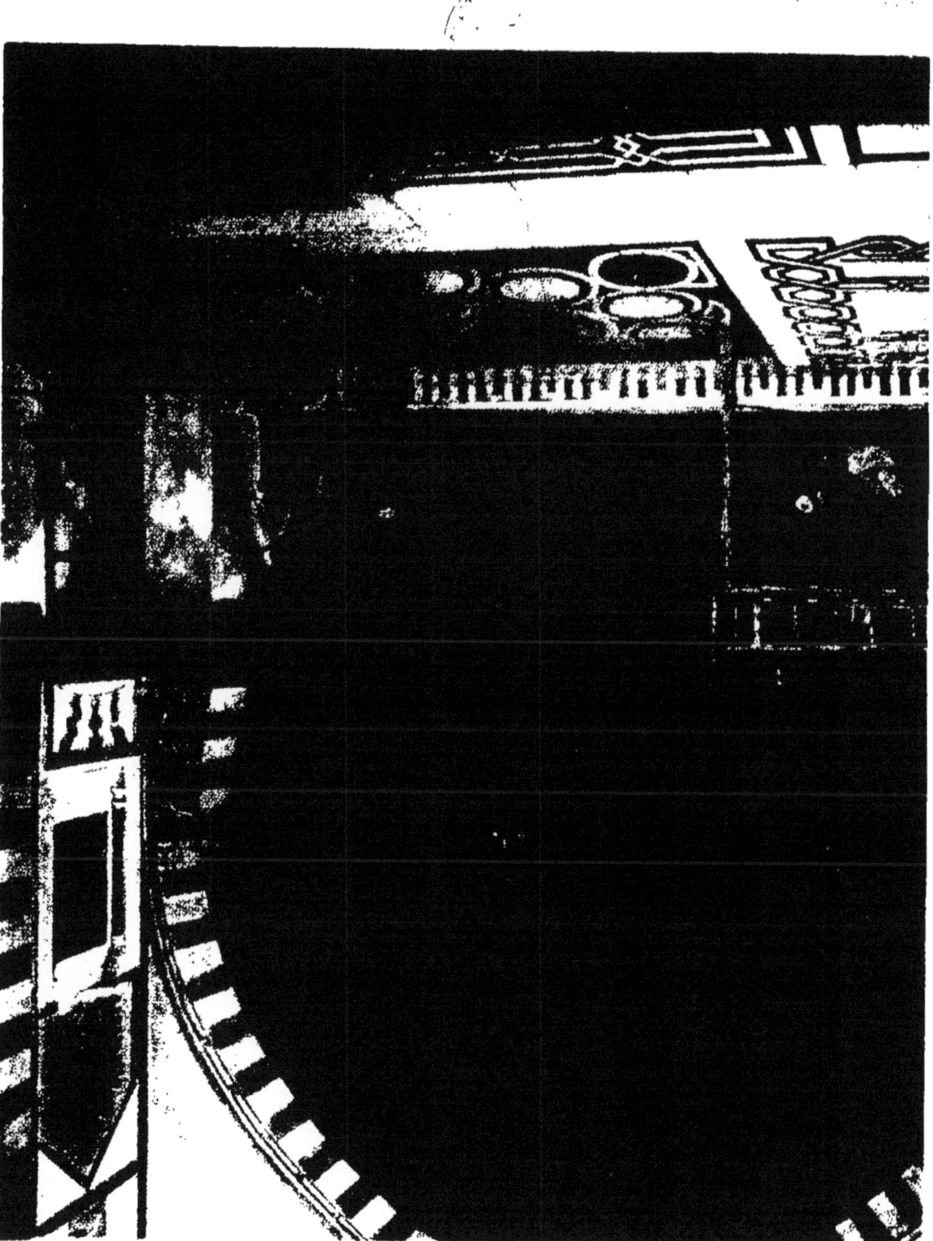

s'accrochent aux touristes, pour les guider dans leur visite.

Il faut s'isoler, pour méditer à l'aise ce spectacle prodigieux : la statue colossale du Sphinx couché, derrière laquelle s'érigent trois signes fantastiques, trois énormes triangles. Alentour, la solitude, les sables. Spectacle déconcertant, qui, dans son aspect demi-ruiné, semble pourtant consacrer l'éternité de la pierre, en face des éphémères générations des hommes.

De loin, le sphinx, dont l'origine se perd dans la nuit des temps : sa tête énorme, ses épaules robustes, taillées dans un roc solide, émergent, luttant contre le sable qui l'envahit et paraît vouloir l'ensevelir.

L'artillerie de Mohammed-Aly le battit en brèche ; son nez est emporté, sa figure déformée ; mais la main des hommes n'a pu détruire l'impénétrable sourire qui se dessine, au-dessus de son menton saillant, l'étrange et mystérieux sourire, qui vous fascine et vous obsède. Certes, il est loin, le temps de l'antique splendeur, où le colosse trônait, au milieu d'une esplanade dallée, à jamais ensevelie. Les trous n'avaient pas ravagé sa face, que des peintures et des enduits paraient, dit-on, d'une merveilleuse beauté. Pourtant, on reste interdit en face de cette figure impassible, tournée vers le soleil levant qui, depuis cinq mille ans, contemple l'Egypte couchée à ses pieds.

La grande pyramide de Chéops, qui date de l'an 3733 avant Jésus-Christ, n'est pas la plus ancienne des pyramides d'Egypte ; mais c'est la plus élevée. Elle mesurait, à l'origine, sur chacune de ses faces, 755 pieds de long, elle avait 180 pieds de haut. Immense travail, pour lequel le roi Chéops, pendant un demi-siècle, usa des milliers d'esclaves, dans la vaine pensée d'éterniser sa momie. Là aussi, le temps a fait son œuvre. Il ne faut pas, en effet, se représenter ce triangle géométrique comme une surface unie. Il était ainsi jadis, lorsqu'il était recouvert de pierres lisses : mais ces pierres furent arrachées et servirent à bâtir les mosquées du Caire. C'est aujourd'hui une série de gradins, faits d'énormes blocs de calcaires, de 4 à 6 pieds de haut.

Construite, ainsi que les autres, pour abriter la momie royale, elle recèle, à l'intérieur, des chambres et des passages : tour à tour, les Persans, les Romains, les Arabes s'introduisirent dans la demeure funèbre du Pharaon ; ses trésors furent pillés et dispersés ; les voleurs ne laissèrent que l'énorme sarcophage du roi, trop pesant sans doute pour leurs mains débiles.

Dans le lointain, jusqu'aux limites de l'horizon, d'autres pyramides émergent. C'est le désert memphite : vaste nécropole où, durant trois mille ans, sur un espace de plus de deux lieues, les momies s'amoncelèrent jusqu'à la première cataracte du Nil, les montagnes furent creusées par la main des hommes ; les chaînes rocheuses, qui bordent le Nil, ne sont qu'un long et perpétuel cimetière percé de chambres sépulcrales. Depuis l'antiquité, les chercheurs de trésors, de nos jours, les archéologues ont fouillé patiemment la montagne, arrachant à ses flancs un nombre incalculable de momies qui reposaient, depuis des milliers d'années. Et pourtant le désert abrite encore, sans nul doute, une infinité de sarcophages qui ont échappé aux investigations.

Cette partie du désert, qui avoisine Memphis, était couverte autrefois de temples magnifiques, ensevelis aujourd'hui. Seules, des pyramides gigantesques jalonnent encore cette nécropole, éparses dans un océan de sables, de rochers et de pierres éboulées. Sous leurs fondements, des hommes furent enterrés, des animaux aussi, des chats, des oiseaux. La nécropole la plus curieuse est le Sérapéum, habitation dernière des Apis, les taureaux sacrés qui furent les premiers dieux de l'Egypte. Un étroit couloir, creusé dans le roc, descend, par une pente rapide, dans une vaste galerie. Là, sont rangés les sarcophages des seigneurs du lieu. Énormes cuves de granit noir, abritées dans des niches. Peu d'ornements : seuls, quelques hiéroglyphes, gravés dans la pierre, attestent ces funérailles préhistoriques. Ces tombes imposent par leur seul poids. Elles ont 12 pieds de long, sur 10 de haut, et pèsent de 60,000 à 70,000 kilogrammes. On a peine à s'imaginer l'effort effrayant qu'il fallut pour traîner jusque là ces cuves colossales.

Fait non moins surprenant : ces tombes, couvertes de couvercles formidables, n'ont pu échapper à la cupidité des voleurs. Elles sont vides de leurs splendides momies, cuirassées de plaques d'or. Les chercheurs de trésors réussirent à faire glisser, à l'aide de leviers, les formidables couvercles ; ou bien ils creusèrent, dans le granit, un trou par lequel ils firent passer la momie.

Seul, un tombeau d'Apis n'a point sa place, au fond d'une niche creusée dans le roc. Il est resté dans le couloir, comme abandonné. Sans doute, au moment où l'hôte qu'on lui destinait allait rejoindre les autres, couchés depuis des siècles, là-haut, sur terre, d'autres dieux avaient surgi. Et la dernière cuve, dédaignée, ne reçut jamais son Apis vénéré, ni sa belle cuirasse d'or, gage éphémère de la piété d'un peuple inconstant.

Des bosquets de palmiers couvrent l'emplacement où s'élevait jadis Memphis, la plus vieille capitale de l'Egypte. Les temples fastueux, les monuments orgueilleux ont disparu dans la terre molle : seuls vestiges des gloires passées, quelques pierres de la colossale statue, élevée à Ramsès II, aujourd'hui brisée et couchée à terre.

Chose étrange, et qui paraît presque inexplicable, les monuments, bâtis de calcaire et de granit, sont ensevelis à jamais : mais, rendus à la lumière, arrachés aux sables et aux rochers, les corps des glorieux conquérants nous sont parvenus, presque intacts, conservés par le natrum, les huiles.

Sous les bandelettes des embaumeurs, ils nous restituent l'apparence matérielle de ceux qui régnèrent sur l'Egypte, il y a trois ou quatre mille ans.

Que d'émotions inoubliables pour le touriste qui, errant dans les galeries du Musée des antiquités égyptiennes, rencontre leurs momies, expulsées des flancs des montagnes, où elles dormaient depuis des millénaires ! quelle page d'histoire que ces corps desséchés, où se lisent encore les splendeurs de l'Égypte ancienne, ses luttes, ses bouleversements !

Chacune des faces de l'édifice déploie, sur un espace de plus de quatre cent mètres, son impressionnante galerie de chambres à vitrines et ses mystérieuses collections. D'abord un répertoire varié d'animaux, autrefois sacrés pour les Egyptiens, et qui symbolisaient leurs premiers dieux : ibis, chats, chiens, éperviers, singes sont là, dans leurs sarcophages, minutieusement enveloppés de bandelettes.

Puis une série de masques mortuaires, cartonnages qui moulaient le corps, par-dessus les bandelettes, et reproduisaient, agrandie, la figure du défunt : les uns couleur de chair, les autres, plus riches, tout en or ; certains semblent taillés pour des géants, avec leurs figures énormes, sous de lourdes coiffures, tandis que le corps, par le bas, s'amincit en un étroit fourreau.

Enfin, les momies royales, démaillottées au fond de leurs sarcophages, au milieu des lambeaux de vêtements qu'on enfouit dans leurs tombes. Les traits, l'expression sont encore visibles : quelques visages même semblent avoir conservé quelque beauté ; a minceur, la délicatesse des traits étonne. Des princes, des reines, puis des noms glorieux : Séthos Ier,

Le Caire

Ramsès II, Séthos II, Ramsès III, les plus glorieux représentants des vieilles dynasties d'Égypte sont là, rangés par ordre chronologique. Quelques mèches de cheveux jaunâtres encadrent encore la tête décharnée du grand Sésostris, vieillard centenaire ; son bras est levé, en un geste de menace ; malgré l'usure des siècles, instinctivement, on évoque le héros à la large poitrine, aux muscles vigoureux, que les bas-reliefs des temples représentent, dans tout l'éclat de sa gloire et de sa jeunesse.

Lorsque le maître des rois vint rejoindre au musée ceux de sa dynastie, il était enroulé, des milliers de fois, dans un fin linceul en fibres d'aloès qui mesurait quatre cents mètres de long ; lorsqu'enfin, après deux heures de travail, la momie du Pharaon apparut dégagée de ses bandes, les assistants furent tellement émus qu'ils se précipitèrent sur le corps, et le renversèrent.

Enfouis dans l'obscurité, protégés par des bandelettes qui s'enroulaient autour de leur corps, tous ces cadavres de rois ont merveilleusement resisté aux attaques du temps : mais, rendus aujourd'hui au grand jour, dépouillés de leurs linceuls protecteurs, ils ne tarderont plus à s'effriter dans la poussière.

CHAPITRE V

PAYSAGES DU NIL

Le Nil, qui fertilisa les terres de l'Egypte, fit aussi l'unité de ces vastes étendues. Tant de contrées diverses traversées par le fleuve: les lacs et les espaces marécageux où se forme la rivière, les contreforts escarpés d'Ethiopie, les déserts de Nubie, l'étroite vallée d'Egypte, les campagnes verdoyantes du Delta, n'auraient eu qu'une histoire toute locale, si le Nil et ses affluents ne les avaient rapprochées. C'est grâce au fleuve que les colons nubiens émigrèrent jusqu'aux terres du Delta qu'ils mirent en valeur ; l'histoire antique de l'Egypte est pleine des luttes entre Egyptiens des plaines et Ethiopiens montagnards, qui se disputaient la possession des cours d'eau.

Le fleuve était la route du grand commerce, par laquelle l'or de Sheba, l'ivoire, la gomme, l'ébène, tous les produits des contrées reculées roulaient à travers l'Egypte. Aux temps lointains, ses eaux étaient sillonnées périodiquement par les envahisseurs nubiens ou Ethiopiens qui se répandaient dans les terres d'Egypte, pillant villes et villages, ou par les armées des Pharaons qui s'en allaient en expéditions guerrières, châtier les tribus rebelles des déserts. Par le Nil, les légions de Rome pénétrèrent jusqu'aux confins du monde, tel qu'il était connu de l'antiquité. Sur ses rives se dressent encore des forteresses romaines qui, s'élevant du sein des îles ou des hauteurs des rochers, attestent la marche des cohortes latines.

Paysages du Nil

Après l'éclat et la splendeur des civilisations pharaoniques, favorisées par cette terre de rêve, où, sans brumes et sans pluie, l'eau dispense généreusement ses richesses, l'Egypte, depuis deux mille ans, s'est endormie ; mais le Nil a maintenu à cette contrée son aspect d'autrefois et ses antiques traditions.

On est presque surpris, sur les rives où les mêmes travaux se continuent, avec les mêmes instruments qu'autrefois, sous un ciel immuablement radieux, d'entrevoir les rails luisants d'un chemin de fer, ou des poteaux télégraphiques accrochés aux flancs de ces monts, creusés pour le repos des momies millénaires. Lorsque la grande brise se lève, vers midi, c'est comme au temps jadis, un déploiement fou de voiles qui tendent leurs ailes au vent : elles entraînent dans leur course rapide leurs chargements primitifs de chèvres, de moutons, de piles de fruits ou de melons. On voit passer de lourdes pyramides de paille, ou des convois de ces jarres en terre qui servent à l'arrosage des champs.

Parmi les navires aux fortes voilures, des barques légères glissent sous l'effort des rameurs demi-nus, qui donnent de la voix, pour s'entraîner au travail. Tous reprennent en chœur la chanson que récite un soliste : un air doux, un peu mélancolique, qui s'adapte au rythme de l'aviron ; quelque chanson, vieille comme Thèbes ou Memphis : le soliste enfle la voix, prolonge les sons, lance une roulade qu'il arrête brusquement, tandis que l'équipage éclate en applaudissements.

Le touriste entrevoit déjà les beautés du fleuve lorsque, pour prendre le bateau qui remonte la rivière, il traverse, de bon matin, le pont de Kasr-el-Nil. Sur la rive orientale se dressent les pittoresques masures du vieux Caire, la gracieuse mosquée d'Abar-en-Nabi, et, dominant les maisons et les palais, la citadelle avec ses minarets élancés ; au sud, l'île de Rhodes, ses grands palmiers et ses cyprès qui se détachent, en masses sombres, au-dessus du brouillard argent qui flotte à la surface des eaux. En dessous du pont les voiles blanches resplendissent au lever du soleil : les bateaux, par centaines, attendent l'ordre de départ. Sur les deux rives, c'est un va-et-vient de gens affairés qui courent à la rivière pour emplir leurs cruches et leurs pots, tandis que les enfants pataugent dans le courant. L'eau, bien que bourbeuse, a des reflets profonds : le fleuve est calme, car les vents du nord ne se lèveront pas avant midi.

Tandis qu'on s'éloigne du pont de Kasr-el-Nil, les bâtisses neuves se succèdent sur la rive, jusque vers Hélouan, en face du site de Memphis. Ce sont les faubourgs du Caire, où, de toutes parts, se dressent de hautes cheminées d'usines, révélant l'activité industrielle de l'ancienne capitale des sultans. Pendant un jour ou deux, on entrevoit les silhouettes géantes des pyramides de Dachour, de Saqqarah, qui, succédant à celles de Gizeh, apparaissent, plus hautes, plus fantastiques, à mesure que la distance les dégage mieux des paysages environnants. Lorsqu'elles ont disparu à l'horizon, le touriste, avant d'atteindre la première cataracte, a deux cents lieues à faire, dans des régions désertiques, où seuls le spectacle du fleuve, la vie pastorale des fellahs et la vision de quelques ruines jetées aux pieds des montagnes le distrairont de la monotonie du voyage.

Indéfiniment, se développent, sur les rives, les deux chaînes de montagnes qui emprisonnent le fleuve de leurs flancs escarpés : à l'ouest, la chaîne lybique que, tous les matins, le soleil levant baigne d'abord de ses lueurs rosées ; à l'est, la chaîne arabique qui, le soir, retient plus longtemps ses rayons empourprés. Tantôt les deux lignes parallèles s'abaissent vers le

UNE RUE AU CAIRE

désert, laissant entre elles de larges champs verts, des bosquets de palmiers, de fraîches oasis ; tantôt elles se rapprochent au point de restreindre la vallée à quelques misérables arpents de terre où l'indigène peut avec peine faire pousser quelques maigres cultures, par des moyens primitifs. Parfois, comme à Kasr-es-Saad, ou Château du Chasseur, à Feshoum, au Gebel-Abou-Fedâ, les montagnes s'élèvent presque perpendiculairement à la rivière, à une hauteur de plus de mille pieds. Elles surplombent le fleuve, montrant par endroits les trous béants de leurs falaises, ces niches carrées où la piété des hommes de jadis ensevelit par milliers des momies au plus profond des roches du désert. Par endroits, on voit se dresser, sur leurs flancs, d'anciens monastères, à demi cachés par les plantations des terres.

Les montagnes sont en pierre calcaire: elles éblouissent lorsqu'on les voit en plein soleil, surtout aux endroits où travaillent les carriers: derrière les débris de la première couche, patinée par le temps et le soleil, la pierre vierge apparaît, resplendissante de blancheur.

Le blê et le coton qui poussent à profusion dans le Delta ont fait place à la canne à sucre, au blê indien, à la dourah, aux légumes aimés de l'indigène: oignon, lupin, mauve, concombre, pastèque. Des champs de ricins étalent leurs larges feuilles et leurs fleurs cramoisies, contrastant avec les teintes délicates des boutons de pavots, qui parsèment les pentes. A travers ces floraisons, verdoient les feuillages du " sunt " et des arbres de mimosa.

Ce panorama, toujours semblable pendant des lieues et des lieues, fatiguerait sans doute le touriste, s'il n'était distrait par l'inépuisable variété des couleurs, par les transformations incessantes de l'atmosphère, par le jeu des lignes et des lumières. La scène change à tout instant, à mesure que le jour avance ou décline.

A l'aurore, des brouillards légers flottent sur l'eau, estompant de leurs buées indécises les contours du paysage : l'air est froid, les plaines du désert n'ayant gardé, pendant la nuit, qu'un peu de la chaleur du jour précédent. Au-dessus des fraîches verdeurs de la rive, s'étagent les hautes terrasses des rochers qu'envahissent graduellement les lueurs pourprées de l'aube naissante. Les premiers rayons d'or se jouent sur leurs faces bises, rayées par les zébrures fauves des sables. Puis le soleil, montant dans le ciel, baigne la plaine et les monts de ses teintes d'un rose délicat ; ses rayons, dispersent les brouillards du matin en de blancs flocons qui flottent et se perdent dans l'azur radieux.

Cependant, la vie a repris sur la rivière et dans les champs. Le fleuve s'anime sous l'effort des bateaux qui, de tous côtés, sillonnent ses eaux. Les hautes voiles blanches se gonflent au souffle de la brise et se posent, en taches lumineuses, sur les horizons lointains. Vers midi, une chaleur blanche s'étend sur toutes choses, tandis que les escarpements des monts projettent sur le sable des ombres d'un pourpre foncé.

L'air s'illumine de teintes grises et argentées ; la nature semble comme engourdie ; un lourd sommeil s'empare des hommes et des animaux. Vers le soir, c'est une transformation nouvelle d'ombres et de couleurs. Les masses verdoyantes de feuillage qui couronnent les rives de l'ouest s'assombrissent à l'heure du crépuscule : elles se reflètent dans l'eau noire, dont la surface est troublée, par moments, de légers bouillonnements d'écume : remous lointains de la cataracte qui gronde là-bas, à des centaines de kilomètres.

Bientôt vient l'heure, exquise entre toutes, où le

soleil, se couchant, semble s'absorber dans les falaises de la chaîne orientale ; c'est sur leurs flancs, baignés de lumière, une fantasmagorie féerique de couleurs. Graduellement, leurs cimes éblouissantes s'empourprent dans le ciel éclatant : leurs éclats de braise, leurs rouges cendrés se mêlent à l'azur radieux. Une ombre perlée rampe à la base des monts, et, de proche en proche, gagne leurs terrasses et couvre leurs pointes effilées. Le spectacle semble fini. Pourtant, au bout d'un quart d'heure, de nouvelles colorations animent le décor. Un éclat plus pur, plus irréel illumine les monts qui brillent, ainsi que des formes transparentes, tandis que, vers l'est, des ombres montent lentement de la terre vers le ciel. Les voiles des bateaux ont pris des teintes de vieil ivoire. Bientôt la lune scintille au faite des collines et ses rayons se brisent dans les remous argentés de l'eau mouvante.

La pureté de l'air est telle en ces régions que les distances paraissent abolies et que les différents plans, au lieu de fuir les uns derrière les autres, semblent s'élever les uns au-dessus des autres. Ceci nous explique en partie que les artistes égyptiens qui sculptèrent les frises des temples ou les bas-reliefs des hypogées, n'aient pas cherché à pénétrer les lois de la perspective. Ils ont réuni sur un même plan les divers motifs que la nature leur présentait ; ils ont renoncé à rendre les accidents du terrain et les distances qui semblaient se fondre dans la transparence de l'atmosphère. Leurs personnages se meuvent sur une ligne droite ; leurs paysages se superposent, et ceux qui occupent les registres supérieurs des bas-reliefs sculptés ont les mêmes dimensions que ceux des registres inférieurs. Ne reconnaît-on pas d'ailleurs dans les scènes pastorales qui se déroulent le long des rives du Nil les éléments même des sujets qui décorent les plus anciens monuments de la vieille Egypte ? Les bœufs qui se rendent aux champs, à pas lents ; la charrue antique qui trace péniblement son sillon à travers les terres grasses ; les pêcheurs traînant leurs filets pesants ; les charpentiers accroupis sur la berge qui heurtent de leurs marteaux les flancs d'une barque en construction. Les paysages du Nil inspiraient naturellement les artistes d'autrefois, lorsque, pour honorer les tombes de leurs morts, ils évoquaient, sur les parois des caveaux funéraires, les motifs qui rappelaient leur vie terrestre, et devaient égayer leur existence d'outre-tombes au souvenir des joies humaines. Dans le bas des murailles, ils ciselaient des épisodes de la vie sur le fleuve : théories de bateaux, joutes de bateliers, scènes de pêche et de chasse aux oiseaux de rivière. Au-dessus se développaient des scènes de la vie agricole : le labourage, les semailles, les récoltes, le battage des blés. Plus haut, c'étaient les pâturages, avec leurs troupeaux de bœufs et de moutons ; enfin, tout au bord des voûtes, les sables du désert, les battues sur les pistes des gazelles.

Les rives du Nil sont très animées : ce sont les grandes routes pour la Haute-Egypte : routes sillonnées par une grande foule d'hommes et d'animaux dont les silhouettes se dégagent si précises, dans l'air radieux, qu'on les croirait descendues de quelque paroi de tombe ou de temple. Aux alentours des villes ou des villages assez importants pour avoir un marché par semaine, c'est un défilé pittoresque de paysans et de marchands, les uns à pied, les autres montés sur des chameaux, des ânes ou des buffles ; ils vont vendre leurs produits ou faire leurs emplettes aux étalages des boutiquiers. Sur les berges du fleuve, des bandes de buffles se vautrent dans la rivière, gardés par un petit garçon qui s'arrête, émerveillé, pour voir passer le bateau, ou le poursuit au galop, de la rive, en réclamant le classique " bakchiche."

De temps à autre, un minaret surgit, allongeant vers le ciel sa pointe blanche et ajourée. Au-dessous, s'étend quelque village aux teintes neutres : humble groupement de maisonnettes de boue recuites au soleil ; de ci de là, des touffes de palmiers ont jailli, magnifiques, et leurs plumets qui se balancent au vent répandent alentour une ombre fraîche. Rien de plus pittoresque que la fontaine du village, où, du matin au soir, les femmes et les enfants se rassemblent pour emplir d'eau leurs pots, pour laver le linge ou bavarder.

Les femmes sont misérables, et portent des vêtements poussiéreux. Bien que fanées rapidement par les durs travaux rustiques, elles sont parfois fort jolies : elles ont les membres délicats, des dents et des yeux d'une grande beauté. Surtout, elles savent emplir d'un geste souple et gracieux leurs jarres au long col, et les porter en équilibre sur leur tête voilée ; la liberté de leurs étoffes flottantes, aux sombres draperies, leur conserve une démarche qu'envieraient bien des femmes de nos pays d'Europe.

Les petits enfants qui suivent, demi-nus, leurs mères ou leurs sœurs, seraient jolis, s'ils étaient plus proprement tenus : mais la saleté est traditionnelle dans ce pays. On ne se donne même pas la peine de chasser les mouches qui se collent, en grappes, au bord de leurs paupières ou de leurs lèvres.

CHAPITRE VI

DU CAIRE A LOUXOR

Siout — Kéneh — Ruines et temples antiques : Abydos — Dendérah — Louxor — Thèbes

La plupart des villes qu'on entrevoit, le long des rives du Nil, ne sont que des bourgades, des villages un peu plus grands, avec les mêmes cahutes en pisé, les mêmes ruelles boueuses et croupissantes, où l'on retrouve la pauvreté et la saleté qui caractérisent la Haute-Egypte. En certains quartiers pourtant, des demeures plus cossues, bâties dans ces dernières années par des Européens ou des Coptes, ont remplacé les habitations rudimentaires de jadis : à leur exemple, les indigènes ont édifié, comme à Abnoub, des villas semblables aux villas pharaoniques que l'on voit peintes sur les voûtes des hypogées de Thèbes, avec leurs corps de logis cubiques, leurs toits plats, leurs petites fenêtres, leurs longs murs hérissés de branchages, leurs portes aux battants barbouillés de rouge, leurs jardins de palmiers et d'acacias. De ci de là, quelques bâtiments publics : casernes, poudrières, maisons d'agents consulaires coptes, puis des cheminées d'usines et parfois une gare en bordure de la ligne du Caire.

Des transformations analogues se poursuivent dans les villes plus importantes. Pour pénétrer au centre de Siout, le touriste traverse d'abord des quartiers de matelots, puis de riches faubourgs modernes, avec des villas roses, jaunes, bleues ou vertes, habitées par des Coptes, avec des jardins, des cafés, des hôtels et des restaurants affichant des enseignes grecques, françaises ou italiennes. On ne se retrouve vraiment en Egypte qu'en débouchant sur la place du Marché, encombrée d'hommes et d'animaux. Le grand bazar a conservé son originalité : peut-être même évoque-t-il mieux des visions d'Orient que les bazars du Caire, trop dénaturés par les éléments européens et levantins. Une toiture de planches, à l'ancienne mode, couvre l'avenue principale et s'étend sur quelques artères secondaires. Les rues sont étroites, les éventaires qui s'ouvrent de droite et de gauche rétrécissent encore la chaussée ; pourtant, les cochers poussent librement leurs chevaux au milieu de la foule pressée. Les piétons se rangent docilement dans l'étroit passage qui leur est laissé. C'est un spectacle curieux que la patience de ce peuple, qui voit ses rues envahies et bouchées pendant des heures par quelque attelage de promeneurs. On imagine difficilement un pareil tableau dans les rues commerçantes d'une de nos grandes villes d'Europe. C'est à peine si, de temps à autre, un passant trop serré récrimine, en maudissant celui qui le bouscule, ou si quelque marchand, emprisonné dans son échoppe, demande timidement qu'on lui ouvre un passage. Cependant les boutiquiers profitent de l'encombrement pour étaler leurs marchandises aux yeux des passants : ils exhibent des voiles noirs, pailletés d'or ou d'argent, agitent des chasse-mouches en ivoire et en ébène, rehaussés de vermillon. D'autres exposent de jolies séries de vases en terre vernissée rouge et noir, dont la plupart ne sont malheureusement que des copies de modèles fabriqués en Europe.

Kéneh s'est également transformée; de grands travaux y ont été exécutés. Ses cahutes misérables de jadis ont fait place à d'opulentes maisons ; le sol, autrefois mou, inégal et semé d'ordures, est aujourd'hui résistant, bien entretenu. Des chaussées confortables, des canalisations d'eau, des avenues et des jardins publics en ont fait une ville civilisée et une grande ville. Kéneh a d'ailleurs conservé ses anciens titres de gloire : elle fabrique encore ces goullehs poreuses pour rafraîchir l'eau qui lui valurent son antique renommée ; elle est aussi, depuis des siècles, le marché principal de l'opium en Égypte.

Le bazar, ici également, a du caractère, avec son plafond de bois vermoulu ; il divertit par la variété des étalages. La couleur orientale est d'ailleurs presque absente, car la plupart des articles exposés, étoffes, poteries, verreries ou meubles, sortent des fabriques européennes ou sont copiés sur des modèles étrangers. Un des principaux magasins était réservé autrefois aux marchands du Hedjaz qui vendaient leurs tapis en poil de chameau : tapis barbares, mais d'un dessin heureux, qui, légèrement démarqués, se vendaient en Europe comme des tapis anciens.

Les marchands aujourd'hui ne s'arrêtent plus à Kéneh ; ils envoient directement leurs tapis à Suez, au Caire, à Port-Saïd, d'où on les dirige vers l'Europe.

Le bazar se continue par le marché aux herbes et à la volaille, dont la physionomie s'est également modifiée, sous l'influence européenne. On n'y voyait autrefois que des produits indigènes : courges, concombres, lupins ou fèves ; les boutiques sont aujourd'hui envahies par tous nos légumes d'Europe, depuis les carottes, les navets, les pommes de terre, les haricots, les petits pois, jusqu'aux choux, aux betteraves, aux salades. Les échantillons qu'on rencontre ne nous raviraient d'ailleurs pas. Mais l'indigène apprécie avant tout la fermeté et la grosseur des légumes : aussi prefère-t-il aux espèces plus fines les navets et les carottes de fort calibre, les pois durs,

VILLAGE AU BORD DU NIL

les choux largement épanouis. Il lui faut des légumes substantiels qui étouffent un peu.

Derrière le marché à la volaille, la grande rue serpente, dans la direction de la gare. Les boutiques alternent avec les maisons bourgeoises : par endroits, un tombeau de cheik ouvre ses fenêtres grillagées, mais sans vitres et volets, par où l'on plonge librement dans l'intérieur. La tombe repose sur des tréteaux ou sur une estrade basse : elle est couverte d'un vaste drap mortuaire, fait de pièces et de morceaux, dont les coutures disparaissent sous des galons ternes. C'est un assemblage disparate de couleurs criardes, où les jaunes clairs se marient aux verts ou aux marrons. Le turban du mort est posé sur le drap à la hauteur de la tête. D'humbles ex-voto, loques ou bijoux accrochés de ci de là, rappellent les services rendus par le saint, les malades guéris par ses soins. Souvent un homme prie à genoux et récite des versets du Coran, inattentif aux bruits du dehors.

Mais, dès Abydos, nous sommes entrés dans la région des temples et des ruines antiques. L'imagination du touriste est hantée par ces apparitions grandioses, qui attestent les magnificences architecturales d'une époque préhistorique, et évoquent dans l'esprit les fastes des dynasties anciennes et la gloire des dieux déchus. Érigés à l'orée des déserts, les temples ont trouvé dans les sables et les roches une assise solide : si beaucoup ont disparu à jamais, lors du tremblement de terre de l'an 27 avant Jésus-Christ, d'autres se sont conservés en parfait état, grâce aux sables protecteurs qui, montant jusqu'au faîte des colonnes, les préservèrent de la pioche des vandales.

La rage des hommes s'est, en effet, acharnée sur ces monuments dont la force et la majesté semblaient défier les attaques du temps. Tour à tour, Persans conquérants ou chrétiens sectaires grattèrent les bas-reliefs des murs et jetèrent à bas les idoles de pierre. Mais, au cours des âges, l'Egypte rencontra heureusement des maîtres moins barbares : les Ptolémées qui, pendant des siècles, s'employèrent à restaurer les temples, à leur restituer leur antique splendeur ; les Romains qui, respectueux de ces vieux monuments, se contentèrent de remplacer les Osiris, les Horus ou les Anubis par des images d'empereurs latins ; il faut aussi rendre hommage à l'œuvre poursuivie par la France qui, depuis un siècle, a fouillé le sol d'Egypte ; elle a relevé ses monuments croulants, ses statues brisées, elle a recueilli les momies éparses des Pharaons ; elle a rassemblé patiemment ces documents précieux qui permettent aujourd'hui aux touristes les moins familiers avec l'archéologie de pénétrer la vie de l'Egypte ancienne et d'apprécier la puissance de son effort artistique. Les premières indications furent données par ces savants que Bonaparte emmenait en Egypte, à la suite de ses armées. L'illustre Mariette et, de nos jours, M. Maspéro se sont dévoués à cette tâche ; leurs recherches et leurs travaux ont permis de reconstituer, dans leurs dispositions primitives, les plus glorieux de ces monuments prodigieux.

Dès Abydos, le voyageur prend contact avec la vieille Egypte, que lui restituent les sanctuaires vénérés du divin Osiris. Venant des bords du fleuve, il traverse de vertes plaines, des champs de blé et de luzerne. Par endroits, des hameaux montrent leurs pauvres cahutes de boue, qui s'encadrent dans les feuillages touffus des bosquets d'acacias. Puis brusquement la végétation s'arrête : c'est le désert, c'est le règne des sables arides et des roches brûlées par le soleil.

Là, au seuil des solitudes, s'élevait la ville, glorieuse jadis, disparue aujourd'hui sans avoir laissé de trace à la surface du sol.

Un peu au-dessus, se dressaient les temples sacrés, et, dans les roches, des nécropoles plus saintes que celles de Memphis, traçaient leurs mystérieux dédales. Partout, sur les terrasses qui montent jusqu'aux pieds de la chaîne lybique, ce sont des éboulis de pierres ou de briques, des débris informes qui émergent des sables. On imagine que ce sol fût travaillé plus qu'aucun autre par la main des hommes. C'est que les nécropoles d'Abydos avaient aux yeux du peuple un prestige étrange. Suivant une tradition fort ancienne, la tête d'Osiris, ce dieu qui symbolisait le genre humain, reposait dans un de ces temples ensevelis par les sables. A l'heure de la mort, chacun tournait donc ses regards vers cette terre d'Abydos où dormait le dieu, en souhaitant que son corps fût placé dans ce voisinage secourable. C'était une faveur insigne que de pouvoir, de son vivant, assurer une place à sa momie dans quelqu'une de ces nécropoles sur lesquelles s'étendait la protection invisible du dieu. Ceux qui ne pouvaient obtenir un caveau demandaient qu'au moins une stèle, érigée dans ces parages, évoquât leur nom, ou bien que leur momie séjournât dans ces lieux pendant quelques jours, quitte à repartir après, pour faire place à d'autres. Ainsi des convois funèbres descendaient sans cesse le Nil, et, dans les plaines verdoyantes d'Abydos, c'était un incessant va-et-vient de pélerins implorant pour leurs morts la pitié secourable d'Osiris.

Il n'est pas loin d'ailleurs, le grand temple élevé au dieu par le roi Séthos, père du glorieux Ramsès. On ne compte pas moins de sept chapelles, dédiées à Osiris et aux divinités secondaires de sa suite, sept travées et sept portes par où s'acheminaient, à pas lents, les processions sacrées. Sur les côtés s'ouvrent de sombres corridors, des chambres étroites, et d'autres petites chapelles. Partout s'érigent, ainsi que des arbres serrés les uns contre les autres, des colonnes massives, en forme de plantes, imitant des tiges de papyrus : leurs chapiteaux supportent les larges dalles de la voûte bleue semée d'étoiles. Ces dalles colossales semblaient défier les ravages du temps : pourtant la nature, ici comme partout, a fait son œuvre ; les rayons du soleil ont fait éclater les pierres surchauffées, et, par endroits, ce n'est plus la voûte peinte qu'on entrevoit, mais le ciel radieux. Chassant l'ombre qui régnait dans le temple et voilait ses mystères sacrés aux yeux de la foule, la lumière a pénétré librement ; elle se joue à travers les bas-reliefs qui décorent les murailles, détaillant les contours et baignant de ses clartés les couleurs que le temps n'a point encore défraîchies. De tous côtés, sur les piliers et sur les murs, des personnages, coiffés du "pschent" ou haut bonnet, se groupent en des attitudes hiératiques, ou se font des signes étranges. Les hiéroglyphes et les emblèmes s'inscrivent partout sur les parois ; des cortèges de rois et de prêtres viennent saluer les dieux : Anubis, à tête de loup de désert ; Horus, à tête d'épervier ; Thoout, à tête d'ibis.

Certains tableaux nous montrent le roi Séthos, tel à peu près que le représente la momie qu'on voit de nos jours au Caire. Près de lui se tient son fils Ramsès : mais ce n'est pas encore le grand conquérant dont l'histoire nous a laissé le souvenir, ce n'est pas non plus le sinistre vieillard que nous présentent les vitrines du Musée du Caire : c'est un enfant, à l'air doux, qui porte sur le côté une boucle de cheveux, indice du sang royal.

Les corps sont sveltes, les figures sont ciselées avec délicatesse. Pourtant les artistes égyptiens, qui manièrent le ciseau avec tant d'habileté, ignoraient les lois de la perspective. Toujours les torses se présentent de face, les deux yeux, les deux épaules de leurs personnages apparaissent en des attitudes invraisemblables, puisque les jambes sont inscrites de profil.

Un autre temple est encore debout, dans le désert d'Abydos, qui fut aussi dédié à Osiris par Ramsès. Ses murailles, en fin calcaire, resplendissent de blancheur, assombris, çà et là, par de lourds portiques en granit bleu ou noir. Il n'a plus que trois ou quatre mètres, car il fut démoli par le faîte, et les sables, en l'ensevelissant, n'en conservèrent que la base. Les personnages qui se meuvent sur les bas-reliefs n'ont plus que les jambes et le buste : les têtes et les épaules furent emportées avec les chapiteaux des colonnes. Leurs mimiques n'en sont pas moins expressives ; on s'émerveille à voir que les bariolages bleus, jaunes ou verts émeraude qui les recouvrent n'aient point souffert de l'usure de tant de siècles écoulés.

Dendérah, autre cité de ruines, de souvenir plus récent, il est vrai, puisque son temple fut bâti sous la domination latine. Respectueux du peuple qu'ils avaient asservis, les Romains adoptèrent son art, son écriture, ses rites : ils apportaient même des offrandes au dieu du pays et lui élevaient des temples.

Lorsqu'on a traversé les terres grasses qui bordent le Nil, les prés verts où les troupeaux paissent librement, on aperçoit des lignes de murs croulants, d'un brun rougeâtre, qui jalonnent le tracé des rues antiques ; des tronçons de colonnes jonchent les luzernes, des chapiteaux, des ruines de maisons, une basilique à demi-renversée ; tout cela disparaît sous d'énormes couches de briques rougeâtres, de débris de jarres et d'amphores qui jadis s'emplirent de l'eau du Nil.

Une porte colossale domine la hauteur, chargée d'hiéroglyphes inscrits à la louange de Domitien

César et des Antonins. Derrière, surgit une forêt de colonnes, dont les chapiteaux énormes reproduisent les traits d'Hathor, déesse de l'amour et de la beauté. Partout, sur les fûts des piliers, sur les murailles, et jusqu'aux plafonds et aux corniches, s'agitent des bandes de personnages échangeant leurs signes mystérieux. Partout la pierre est fouillée et peinte. Les motifs sont les mêmes que dans les plus vieux temples d'Egypte : offices du culte, cérémonies qui marquaient la construction ou la dédicace d'un temple : le roi parcourt l'emplacement choisi, trace au cordeau la ligne des murs, creuse les fondations. Mais la différence des époques se manifeste par les contours plus mous, les attitudes plus libres où l'on ne retrouve pas la sérénité des premiers âges. D'ailleurs, les cartouches où sont inscrits les noms des rois fondateurs ne mentionnent plus les Pharaons de la vieille Egypte, mais des empereurs latins : Claude, Néron, Tibère, Caligula, un peu dépaysés en ces lieux ; l'artiste qui les sculpta a cependant tenu à les déguiser en Egyptiens, à les affubler d'un jupon court et de la coiffure indigène.

On rencontre en Egypte beaucoup de temples, qui impressionnent diversement le touriste. Edfou est aussi beau et plus grand même que Dendérah ; Thèbes impose par l'immensité de ses ruines ; le sanctuaire d'Isis à Philæ révèle une grâce toute hellénique : mais c'est à Dendérah qu'on imagine vraiment la frayeur mystérieuse qui se dégageait jadis de ces vieux sanctuaires. A mesure qu'on avance, l'ombre se fait plus épaisse, la divinité se dérobe, plus impénétrable, plus inaccessible. Dans la salle hypostyle, on entrevoit encore les innombrables figures qui gesticulent, sur les murailles, le toit en pierres massives, constellé des signes du zodiaque. Mais un jour douteux se glisse à peine à travers les salles qui suivent, de plus en plus saintes ; les ténèbres règnent épaisses dans le saint des saints, ou salle occulte, où seul jadis le grand prêtre avait le droit d'entrer, une fois l'an.

Tant de mystères, il est vrai, n'avaient pas seulement pour but de soustraire les dieux aux regards indiscrets : ils protégeaient aussi les trésors que les prêtres amassaient, sous le couvert de la religion, et qu'ils enfermaient soigneusement au fond des temples ; l'ouverture de ces cachettes, creusées dans les murailles, était masquée par un bloc de pierre mobile, que les initiés faisaient tourner. Deux cryptes sont ainsi dissimulées, à Dendérah, dans les fondations de l'édifice. Elles sont reliées par d'étroits passages, débouchant dans les salles par des trous béants aujourd'hui. Seuls, les prêtres de la déesse connaissaient les cachettes : ils levaient les pierres d'entrée, et, rampant dans les couloirs, ils se glissaient jusqu'aux coffres pleins d'or et de métaux précieux.

Des hôtes silencieux errent encore à travers ces sombres dédales : les chauves-souris, les pigeons, les hiboux, qui hantent les cryptes obscures. Les abeilles y bourdonnent gaiement ; leurs nids de boue pendent par centaines, ainsi que des stalactites, le long des plafonds azurés.

Plusieurs escaliers conduisent aux vastes terrasses formées par les toitures plates du temple. Admirable point de vue d'où l'on découvre un coin magnifique de la vallée du Nil. Le fleuve serpente à travers des rideaux d'arbres. A l'infini s'étendent les vertes plaines, les champs de blés et de luzerne. Par endroits, des villages posent leurs teintes neutres sur des buttes qu'encadrent des bouquets de palmiers et d'acacias. Les montagnes roses allongent sans fin leurs lignes parallèles, aux contours simples et monotones. Des parfums de fèves en fleurs traînent dans l'air embaumé, si légers qu'il semble qu'on goûterait indéfiniment, dans cette atmosphère lumineuse, la douceur de vivre.

Lorsque, descendant le Nil, on approche de Thèbes, de très loin, des apparitions colossales se dressent à l'horizon : ruines grandioses qui jonchent la plaine immense, où, pendant des siècles et des siècles, des monuments nouveaux surgirent. Pour glorifier leurs dieux et les fastes de leur dynastie, les Egyptiens, dès l'aube des âges, accumulèrent ici les palais et les temples, traînant à travers l'enceinte sacrée d'énormes blocs de calcaire et des pierres en granit de Syène, tellement pesantes qu'on s'étonne à la pensée que des mains humaines aient pu les manier, sans le secours de nos machines modernes. On voudrait méditer, dans la solitude des ruines, mais il faut d'abord traverser les quartiers bruyants du Louxor moderne : un Louxor défiguré par le cosmopolitisme qui vous accueille, par la façade pompeuse d'un hôtel géant, le Winter Palace, par des étalages fantaisistes, où, sur les quais, se débitent les articles les plus hétéroclites : casques et lunettes bleues, photographies de monuments, cornes de gazelles, cachemires des Indes, et surtout les momies et les bandelettes arrachées aux flancs des montagnes lybiques, où baillent là-bas, sur l'autre rive, les trous creusés par milliers pour les sépultures des anciens Égyptiens.

Mais voici le temple antique de Louxor, bâti sur l'ordre d'Aménophis et du glorieux Ramsès. Haute futaie de colonnes, les unes cannelées, d'autres imitant des tiges monstrueuses de papyrus. Des frises, toujours, courent le long des murailles. C'est, tout au long des murailles, la magnifique procession de peuples et de prêtres qui s'en allait une fois l'an accompagnant le divin Ammon dans sa promenade rituelle sur les eaux du Nil. Sur les parois se déroulent, affairés, les figurants du cortège : encensoirs fumants, enseignes

PREMIÈRE CATARACTE, VUE DE L'ÎLE ÉLÉPHANTINE

hautes, ils portent la barque d'or d'Ammon à travers les salles à colonnes, les portes triomphales, les allées de sphinx.

Les splendeurs de ces siècles lointains s'évoquent dans notre esprit, tandis que nous nous engageons dans cette vaste enceinte de temples et de palais que représentent les ruines de la ville morte. Thèbes était dans toute sa gloire, il y a quatre mille ans. Foyer de civilisation, gardienne des rites sacrés, elle accueillait dans son sein les divinités variées de l'Égypte, et leur dressait des asiles magnifiques : puis, lorsque s'élevant au-dessus de ces dieux éphémères, Ammon s'affirmait comme le dieu suprême, Séthos Ier et les Ramsès lui dédiaient cette salle hypostyle qui érige fantastiquement ses colonnades monstrueuses. Et les temples, les statues continuaient à s'amonceler en son honneur, pendant des siècles, comme en une folle éclosion de masses architecturales.

Malgré les mutilations subies au cours des siècles, on s'oriente encore aujourd'hui dans ce labyrinthe de ruines, unique au monde.

Le promeneur qui vient du Nil se trouve bientôt dans une majestueuse allée, toute bordée de béliers monstres, accroupis sur deux lignes parallèles : elle aboutissait au Nil, à l'endroit même où Ammon s'embarquait chaque année en cortège solennel : mais depuis des siècles, les eaux se sont retirées vers la Lybie, et l'avenue de béliers se perd à présent dans les champs. Puis c'est une artère colossale de temples et de palais. Elle fut orientée de telle sorte qu'une fois l'an, le soir du solstice d'été, le soleil envahissait les chaussées, que les colonnades et les hautes toitures enfermaient dans d'épaisses ténèbres : ce soir-là, la voie triomphale s'illuminait, sous les rayons pourprés du soleil, et tandis que les pierres s'embrasaient des lueurs du soleil couchant, les musiques éclatant au fond du temple célébraient la gloire du dieu soleil.

Les temples, les palais surgissent des deux côtés de la longue artère ; c'est un chaos étrange de pylônes énormes, d'obélisques pointus, les uns creusés d'hiéroglyphes, les autres tout unis, sur lesquels grimpent de gigantesques fleurs de lotus qui s'épanouissent dans le haut, des dieux assis et des rois trônent le long des allées, tandis que, partout, les personnages inscrits sur les frises s'agitent mystérieusement.

Dans la salle hypostyle les colonnes s'enchevêtrent : colonnes géantes, mesurant dix mètres de tour et vingt-cinq mètres de hauteur, et serrées les unes contre les autres, pour soutenir le poids effrayant des plafonds. Puis, lorsqu'on a quitté les palais du centre, on ne voit plus autour de soi qu'un amas imposant de débris et d'immenses avenues de sphinx et de béliers qui vont s'enfouir, au loin, dans des vagues de sables.

Sur la rive ouest, en face de Thèbes, les flancs escarpés des monts lybiques furent, dès la plus haute antiquité, perforés de toutes parts pour donner asile aux momies des grands personnages de l'Egypte. De tous côtés s'ouvrent des couloirs tortueux, aboutissant à de sombres cavernes où les artistes du temps ont sculpté ces bas-reliefs peints qui évoquaient, pour l'âme du défunt, les souvenirs de sa vie terrestre.

Les reines ont leur quartier réservé ; les rois reposaient dans cette profonde vallée d'où l'on exhuma récemment les corps des Pharaons conservés aujourd'hui au Musée du Caire. Des temples funéraires sont encore debout. Deux sentinelles fantastiques gardent ce domaine des morts, lourdes masses de pierre qui font la solitude plus écrasante, le silence plus épais. Ce sont les colosses dits de Memnon, célèbres dans l'antiquité, images de la mère et de la sœur d'Aménophis III, assises, les genoux joints.

Énormes conglomérats de grès, mutilés, crevassés partout, n'ayant plus forme humaine ; ils baignent leurs pieds dans les eaux du Nil, ayant fixé pour l'éternité la raideur hiératique de leur impassible sérénité.

CHAPITRE VII

PAYSAGES DU SUD

Esneh — El-Kab — Edfou — Assouan — La Cataracte et le Temple de Philæ — La Nubie

TANDIS que le voyageur, voguant sur le Nil, s'enfonce dans les régions du sud, le spectacle des rives se transforme insensiblement. De basses collines de grès remplacent, le long des berges, les hautes falaises de pierre calcaire qui, depuis le Caire, enserraient le fleuve dans leurs escarpements rocheux. Les palmiers en dôme annoncent déjà les régions tropicales. Les habitants ont des teints plus cuivrés ; leurs traits sont plus marqués dans les populations de la Basse-Égypte. Leurs vêtements ont une couleur brun foncé qu'ils doivent à la laine des moutons cette laine avec laquelle on fabrique les draps épais dénommés " homespuns."

Sur les rives, quelques villes antiques, des ruines pittoresques, évoquent l'ancienne Égypte, les invasions romaines, ou la civilisation musulmane: les vieux couvents abondent, rappelant l'ascétisme des moines des premiers âges qui s'enfermaient dans les solitudes ; des forteresses aussi, tournées vers le sud, d'où périodiquement Éthiopiens ou Nubiens se ruaient à l'assaut des cités prospères de la vallée du Nil.

Voici Esneh, dressée au sommet d'une butte, formée par les débris des villes qui se succédèrent, en cet endroit, depuis les âges les plus lointains. Une partie de ce tertre s'abîma, en 1820, sous l'effort du

Nil ; aujourd'hui, pour défendre la ville contre les attaques du fleuve, deux éperons et un mur d'appui s'avancent dans la rivière.

Derrière une façade moderne, formée par les alignements modernes des bâtiments officiels, la ville arabe a conservé sa physionomie d'autrefois : maisons de style ancien, en brique grise ou teintée de blanc, plantées sans symétrie dans des ruelles pittoresques et semées d'ordures. Les boutiques foisonnent : épiciers, teinturiers, chaudronniers, orfèvres. Mais les marchands ne se disputent pas le client, comme à Siout, à Kéneh, à Louxor ; ils causent négligemment entre eux.

Au bout d'un labyrinthe de ruelles sombres, d'impasses, un temple antique surgit : le temple où l'on adorait jadis une Hathor à figure de poisson. Il fut construit en contre-bas des maisons qui l'entouraient, dessinant autour un vaste amphithéâtre : si bien que seul aujourd'hui, le vestibule d'entrée apparaît déblayé par de récents travaux. Quatre rangées de colonnes supportent le toit. Même style qu'à Dendérah, style de l'âge des Ptolémées, où la puissance des masses architecturales s'allie à la mollesse et à la gaucherie des sculptures.

El-Kab aussi était peuplé de temples ; ils ont disparu, jusqu'à la naissance des fondations, les habitants ayant brisé leurs blocs de pierre pour se bâtir des maisons. On ne voit plus aujourd'hui que la mare sacrée, asile de Ne Khabit, qui, sous la forme d'un vautour, était la déesse du lieu. Les maisons anciennes aussi ne sont plus qu'un amas de décombres : les marchands d'antiquités, les archéologues ont éventré le sol, où, dès qu'on enfonçait la pioche, on découvrait des faïences vernissées, des vases, des verreries, des perles d'émail : débris des villes saïte, grecque, ou chrétienne. Mais les remparts sont encore intacts, étendant autour de la cité leur solide muraille de briques énormes : car El-Kab, ainsi que Kom-el-Ahmar, qui s'élève sur l'autre rive, étaient des villes frontières, chargées de défendre le pays contre l'invasion nubienne. Dès que les barbares étaient signalés, le peuple se réfugiait avec ses troupeaux à l'abri de ses remparts inébranlables, et seule la famine pouvait l'amener à capituler.

Edfou est peut-être la ville du Nil où la physionomie antique se soit le moins altérée sous l'influence moderne. Son temple, où l'on retrouve le style des Ptolémées, impressionne étrangement par la grandeur de ses dimensions, et l'énormité de sa masse. Dépouillé des mâts gigantesques qui l'ornaient autrefois, des teintes violentes qui rehaussaient ses sculptures, il émerveille encore le touriste, par la seule immensité de ses proportions. Pourtant, elles menacent ruine, ces pierres que les Pharaons croyaient bâties pour l'éternité : il a fallu toute l'ingéniosité et l'intelligente activité déployées par M. Barsanti dans ces dernières années, pour restaurer les masses croulantes et rendre au monument un peu de son antique splendeur.

Djebel-Cicileh, dès les temps les plus reculés, a fourni les pierres dont on se servait pour construire les temples. Les carriers d'alors creusaient profondément ses flancs, suivant les veines de la bonne pierre : mais ils respectaient la façade pour ne point abimer le paysage des rives. Quelle leçon donnée par les Egyptiens de jadis aux ingénieurs d'aujourd'hui, qui, sans souci des beautés pittoresques, font sauter impitoyablement les magnifiques rochers du Nil.

Lorsqu'on approche d'Assouan, la physionomie des rives s'est complètement modifiée. Au lieu des grasses cultures qui bordaient la vallée, le regard n'embrasse plus que des bosquets de dattiers et de doums, d'acacias et de tamarisques : les collines de grès frustes, les sables dorés annoncent les déserts du Nubie. Au tournant d'un dernier promontoire boisé, la ville découvre brusquement ses rangées de maisons blanches, ombragées, le long des berges, par une avenue de palmiers et de sycomores. En face, l'île verdoyante d'Eléphantine, oasis de fraîcheur ; par-dessus, au loin, les amoncellements des sables éclatants qui couvrent les lignes sinueuses des collines. Le Nil disparaît au nord, serpentant à travers des bouquets de dattiers-palmiers : au sud, le camp pittoresque des Bicharis couvre la plaine, au sortir du marché en plein air de la ville.

Mais que de transformations dans la pittoresque Assouan d'autrefois. Dès qu'on débarque, on a l'impression d'être dans une cité de passage, envahie par un flot de bandes cosmopolites. La berge sauvage de jadis a fait place à un quai tiré au cordeau, où s'est alignée une façade européenne de constructions officielles : bureau de poste, hôpital, puis des auberges, des cafés et des magasins modernes. C'est qu'Assouan est devenue la villégiature à la mode, aussi soignée que Nice, Ostende, ou Spa. Ce n'est plus à Louxor que s'attardent les convalescents frileux, à la recherche d'un soleil réchauffant. Ils s'arrêtent maintenant dans cette ville d'un climat merveilleux et d'un commerce facile. De vastes palaces modernes, les Savoy et les Cataract hôtels leur offrent tout le confort désirable. On se reçoit, on s'invite, on échange des cartes de bristol, d'un hôtel à l'autre. On organise des excursions artistiques ; on visite l'emplacement où s'élevait le temple d'Éléphantine, le tombeau des vieux princes, les vestiges de peintures coptes du Dévi-Amba Simâan, les ruines de Philæ, que huit kilomètres à peine séparent, par le chemin de fer de Chellâl. Entre Assouan et l'île d'Eléphantine c'est un va-et-vient incessant d'embarcations joyeuses et pavoisées de petits drapeaux anglais. S'il reste des heures inoccupées dans la journée, on danse, on joue au bridge, on explore le camp des Bicharis, les rochers du petit désert proche de la ville, un désert entretenu comme un square, oû les rochers portent leurs étiquettes ; ou bien simplement on fait un tour au bazar, dernière ressource des pays d'Orient.

C'est un des rares coins de la ville qui ait conservé son cachet ancien. Rues étroites et montueuses, couvertes, sur tout leur parcours, de leurs plafonds en bois : labyrinthe obscur, dont la pénombre s'éclaire, çà et là, des rayons du soleil. On y vend de tout : d'abord les accessoires classiques de la Haute-Egypte : émaux russes ou persans, filigranes de l'Inde, terres rouges de Siout, bijoux du Soudan, plumes d'autruches, crocodiles empaillés ; puis un bric-à-brac de vieilles armures d'une authenticité douteuse, soi-disant trophées des guerres du Soudan : jagaies, boucliers en peau de rhinocéros, épieux et couteaux, casques et cottes de mailles. Enfin tout un stock de boutons militaires des soldats d'Ibrahim ou des soldats anglais d'aujourd'hui. Les acheteurs se font plus rares au bazar des chaussures, aux bazars des cotonnades, de la quincaillerie, ou des victuailles : puis les boutiques s'espacent, on se retrouve un peu dans l'Assouan d'autrefois : maisons en saillie, ruelles étroites, où, dans la poussière, passent des femmes voilées. Tout d'un coup, un coin de désert apparaît, puis des tombes blanchies à la chaux, un cimetière de coupoles croulantes et de sanctuaires béants où la ville déposa ses morts, depuis l'époque lointaine de la conquête musulmane. Mais la promenade classique d'Assouan, c'est la cataracte. Elle aussi, hélas ! s'est transformée depuis la construction de l'énorme maçonnerie qui l'endigue et brise son élan. Pourtant, le paysage conserve un

LES COLOSSES DE RHODES EFFET DE LUNE

peu de sa sauvagerie grandiose. Il se découvre d'une façon pittoresque, lorsqu'on se place sur les hauteurs ruinées d'un ancien fort romain qui surplombe une colline au sud, au sortir de la ville. C'est une scène inédite encore de la rive du Nil. Entre deux chaînes de montagnes basses, la rivière bondit, coupée par une foule d'îlots rocheux, entre lesquels l'eau jaillit, en gerbes mousseuses. Les îlots sont formés de blocs énormes de granit rouge, dont les anfractuosités sont remplies de limon. L'action des eaux et la chaleur du soleil ont patiné ces rocs rougeâtres de telle sorte qu'ils ont pris un grain noir, dur et lisse au toucher, comme s'ils avaient été frottés à la mine de l'eau. Les uns surprennent seulement par leurs formes déchiquetées qui émergent de l'eau. Les autres allongent des terres cultivées : taches verdoyantes qui se détachent sur les teintes neutres des rochers. Le contraste est sensible entre les deux berges du fleuve : les blocs de pierre sur la rive ouest disparaissent sous les couches éclatantes des sables dorés : de l'autre côté, des granits usés par les siècles et cuits par le soleil, les uns, isolés dans les sables, les autres, entassés fantastiquement en amas informes.

Le courant rapide rend la navigation très difficile. Il faut aux voiliers une forte brise pour leur permettre de remonter la rivière. Mais les touristes organisent des régates, et l'on vient faire des promenades et des pique-niques jusque dans les îlots rocheux, à l'ombre des palmiers et des mimosas.

La digue se développe sur une longueur de 1250 mètres, percée d'écluses qui sont ouvertes ou fermées, suivant les besoins de l'irrigation et de la navigation. Derrière s'étend une énorme nappe d'eau, de 80 kilomètres de long, enserrée dans un cirque grandiose de granit. Là, s'élevaient jadis de gracieux villages, des îlots frais où les verdures des palmiers contrastaient avec les hauteurs désolées d'alentour. Tout s'est abimé dans l'eau qui monte toujours, noyant les dernières branches de palmiers qui se balançaient encore au-dessus de l'onde. Le sanctuaire d'Isis qui, là-bas, depuis des siècles, dominait une colline de statues et de colonnes, n'est plus qu'un écueil battu sans relâche par le flot envahisseur.

L'eau se précipite en trombe à travers les écluses, rebondissant à de grandes hauteurs : le fracas de sa chûte s'entend au loin, pendant des kilomètres. Cependant, postés sur les îlots rocheux qui émergent en aval, des indigènes sont aux aguets, prêts à plonger pour attraper des quantités de poissons entraînés par le courant, étourdis par le choc et la pression des eaux.

Si l'on veut entrevoir les derniers vestiges de la Philæ d'autrefois, tandis qu'il en est temps encore, il faut gagner le hameau de Chélal. Le chemin de fer traverse le camp pittoresque des Bicharis installés aux portes d'Assouan, d'immenses cimetières, où s'érigent des stèles brisées et des dômes penchés ; puis le désert recommence, avec ses blocs de granit entassés dans les sables fauves. Les touristes affluent à l'embarcadère pour Philæ ; les barques pavoisées se croisent sur les eaux.

Des bouquets de palmiers ou d'acacias flétris montrent encore par endroits leurs plumets mourants, indiquant, en avant de la berge actuelle, le contour de la rive ancienne. On voudrait entrevoir ces amas de pierre plongés sous l'eau, qui furent des temples, des palais de l'ancienne Égypte, des églises des premiers âges chrétiens, des cimetières criblés de stèles. Mais, seules là-bas, sur l'îlot rocheux de Philæ, émergent des constructions à demi-noyées : pylônes, colonnades, kiosques, chevets de temples.

Les barques contournent d'abord un kiosque gracieux; autrefois perché sur de hauts rochers, ombrés de dattiers. Les arbres sont tombés : la base s'est dérobée. Maintenant, les colonnes plus sveltes dans leur abandon semblent suspendues dans l'eau. Puis on suit une voie magnifique de jadis, bordée de statues et de colonnes, par laquelle les pèlerins jadis s'en venaient au sanctuaire. Engloutie aussi, cette voie triomphale. Des restes de pylônes surgissent avec des personnages sculptés : une Isis colossale, dont la tête est casquée d'un oiseau, et surmontée d'un disque solaire ; puis l'on entre, toujours à l'aviron, dans le temple. Par instant, un fracas dans ces ruines, une lourde chute dans l'eau : c'est quelque morceau de pierre qui s'écroule et va rejoindre, sous le flot, les débris amoncelés.

Quelques parties du temple, plus élevées, s'obstinent à ne pas mourir : le sanctuaire, les chambres des prêtes d'Isis se défendent encore victorieusement contre le flot, même depuis que la digue surhaussée a poussé contre elles de nouvelles masses liquides. On voit encore courir, sur les frises, des bandes de dieux et de rois, échangeant leurs signes mystérieux. Mais l'eau s'infiltre partout ; les parois sont humides ; les grès patinés par le temps tournent au jaune qu'ils avaient à l'origine. Cependant, sous l'action de l'humidité, les couleurs qui se fanaient, sur les figures sculptées des dieux et des rois, se sont avivées et leurs teintes, moins bariolées, se sont harmonieusement fondues.

Ainsi s'en vont les derniers vestiges du culte d'Isis qui semblait incarner les traditions les plus sacrées de l'ancienne Egypte. Car Philæ réprésentait pour les plus vieux des Egyptiens, le point où les eaux du ciel, se précipitant sur la terre, donnaient naissance au Nil. Lorsque cette première croyance fut abandonnée, on imagina que le fleuve sortait de deux gouffres sans fond, pour s'écouler dans deux directions opposées, au sud, vers l'Ethiopie, au nord, vers l'Egypte.

C'était donc honorer le Nil nourricier et la terre qu'il fertilise que de rendre hommage à la déesse du lieu. Aussi Egyptiens et Ethiopiens vénéraient-ils le sanctuaire d'Isis, qui fut rebâti pieusement par les Ptolémées et les empereurs romains. Chaque année, aux jours de fête, venus de très loin, des pèlerins débarquaient, et leurs processions solennelles portaient à la déesse les offrandes et les victimes du sacrifice. Le peuple, vêtu de blanc, des palmes aux mains, attendait ses hôtes, sous les portiques. Et le défilé s'engageait sous la grande porte, au chant des chœurs soutenus par les harpes. On venait de partout, de la Grèce, de Rome, des Gaules, d'Espagne, et même de Perse. Les barbares aussi honoraient Isis. Et pendant des siècles même, alors que les chrétiens avaient renversé les autels du sanctuaire, les peuplades sauvages du sud venaient encore, une fois l'an, joindre leurs prières à celles des derniers prêtres d'Isis, enfermés misérablement dans l'enceinte sacrée, sous la menace des chrétiens.

Tout n'est que tristesse et désolation aujourd'hui dans l'immense nappe d'eau qui s'étend au-dessus de la cataracte. Partout émergent des cimes d'arbres, vestiges des villages et des cimetières engloutis. Les collines entassent, sur les berges, leurs fantastiques amas de granit, dont aucune verdure, aucune floraison n'adoucit les escarpements sauvages. Des ruines de constructions romaines s'érigent sur des îlots rocheux, où des hameaux abandonnés et déserts s'accrochent sur des promontoirs entourés par l'eau.

Pourtant de nouveaux villages bordent déjà les berges élargies du fleuve. Ils ne ressemblent pas à ceux qu'on voit avant la cataracte. Les maisons des

Nubiens sont plus soigneusement construites ; leurs murs, faits de boue, sont polis, et souvent peints. Leurs toits étranges ont la forme d'arches demi-sphériques, que couronnent souvent des balustrades ajourées.

A moitié cachées par les arbres qui les entourent, ces maisons ont des aspects de petits temples, surtout lorsqu'elles portent, à leur faîte, ces pigeonniers qui rappellent les tours des pylônes.

Les habitants des contrées nubiennes ont un type arabe plus prononcé que ceux de la Basse-Egypte : leurs traits sont beaux et réguliers. Les enfants sont jolis : beaucoup n'ont pour tout costume que des rangées de perles au cou. Le touriste rencontrera dans les villages quantité de femmes et d'enfants : il n'apercevra guère d'hommes. La plupart, en effet, s'emploient comme domestiques au Caire, et ne reviennent pas dans leur pays pendant des années. Les gages assez élevés qu'ils touchent, dans la capitale, leur permettent de pourvoir de loin à l'entretien de leur famille.

Dès qu'on approche de la limite du bassin d'eau formé au-dessus de la cataracte, les plantations reparaissent ; les rives redeviennent fertiles et verdoyantes, l'eau étant simplement maintenue au niveau de la crue. Le paysage ne manque pas d'ailleurs d'une grandeur sauvage : des rochers s'élancent hardiment au-dessus des sables amoncelés, dont les nappes dorées viennent affleurer l'eau du fleuve, ou se perdent dans les lignes de verdure. Tout autour, les montagnes coniques de Nubie érigent leurs silhouettes étranges ; sur la rive orientale, les bouquets de palmiers, les grosses pierres, les moulins à eau tournant sans relâche, évoquent la vision d'un pays aussi beau que les plus riches contrées d'Egypte.

CHAPITRE VIII

LE PEUPLE EGYPTIEN

L'Égypte fut de tout temps un pays agricole: aussi l'élément dominant de la population, aujourd'hui comme par le passé, est-il le fellah ou laboureur, chez qui se sont maintenues, presque intactes, les traditions de l'Egypte préhistorique telle qu'elle nous est révélée par les récits de l'histoire ou les pierres de ses monuments. Pour connaître les mœurs et le caractère de ces populations rurales, il nous faut laisser les villes et leurs foules cosmopolites: nous irons à travers les régions du Delta, dans ces contrées fertiles, qui, dès la plus haute antiquité, furent la terre promise des agriculteurs. Là, peu de chemins de fer, point d'hôtels. Il faut parcourir le pays à cheval, et se contenter des ressources qu'il offre.

En guise de routes, on a les bords des canaux, les digues, les écluses, quelques sentiers sinueux tracés à travers les champs. Le voyageur trouve d'ailleurs d'amples compensations dans les beautés du paysage, dans l'hospitalité simple, mais cordiale, qu'il rencontre auprès de ce peuple ouvert et généreux. Tout d'abord, il sera frappé du labeur immense qui s'accomplit, sans relâche. De l'aube jusqu'au soir, tout le monde est au travail, depuis les jeunes enfants, qui gardent les bestiaux attachés dans les prés, jusqu'aux vieillards, usés par les travaux rustiques, et près de goûter le repos dernier dans un de ces "gabanas" ou cimetières qui dressent leurs tombes auprès des villages.

Le Peuple Egyptien

Les récoltes se succèdent si rapidement, dans ces régions, qu'on peut voir se poursuivre en même temps le labourage de la terre et la rentrée des moissons. Le peuple semble d'ailleurs heureux de la vie qu'il mène. Oppressés jadis par les représentants des Sultans, les fellahs d'aujourd'hui sont libres et jouissent en paix des fruits de leur travail. Ce pays évoque tout naturellement les tableaux enchanteurs que suggère à notre imagination la lecture des récits bibliques : bergers conduisant à travers champs leurs troupeaux zébrés ; laboureurs maniant l'antique charrue ; femmes occupées à moudre au moulin à main, ou groupées autour du puits, ainsi que dans les scènes patriarcales de la Genèse. Le parler même de ces gens simples est fleuri d'élégance et de lyrisme : leur salut a cette grâce poétique, un peu cérémonieuse, qui donne tant de noblesse, en Orient, à l'accueil des arabes. L'hospitalité est d'ailleurs chez eux plus qu'un devoir de politesse : c'est comme une tradition sacrée, un rite pieux et solennel que les générations d'autrefois ont légué aux hommes d'aujourd'hui. Manquer à l'hospitalité serait une faute grave pour un Egyptien, de même qu'il serait deshonorant pour un étranger d'en faire. Si d'aventure vous passiez devant quelque maison où l'on vous reçut une fois, fût-ce bien des années auparavant, on vous reprocherait vivement de ne point vous y arrêter à nouveau. L'aspect du pays a changé, sous l'influence européenne : les modernes moulins à coton, les pompes à vapeur, les chemins de fer ont défiguré l'ancienne terre des Pharaons. Plus immuables que les choses, les fellahs ont conservé intacts leurs coutumes, leurs vêtements, et sans doute leurs pensées ; leurs rêveries ne diffèrent-elles point beaucoup de celles qui pouvaient occuper l'esprit de leurs pères, au temps de Ramsès ou de Sésostris.

Le voyageur se voit souvent offrir, sur son chemin, du café et des fruits frais ; il est toujours le bienvenu dans les villages ou dans la demeure des riches propriétaires. S'il s'arrête dans quelque hameau, il verra le chef venir à sa rencontre et, avec force saluts et compliments, le convier à séjourner au village : il ne manquera pas d'accepter cette invitation qui lui permettra de pénétrer l'intimité des indigènes.

De loin, le village, ombragé par quelques verdoyants bosquets de dattiers-palmiers, semble entouré de quelque antique enceinte fortifiée, avec ses maisons juxtaposées, dont les murs faits de boue ne sont percés que d'étroites et rares ouvertures. On ne peut circuler que par des ruelles tortueuses et resserrées que ferment, à la nuit tombante, des portes de bois massif, gardées par un veilleur. Les maisons ne sont que de simples huttes de boue et de branchages : elles n'ont le plus souvent qu'une seule ouverture, leur petite porte d'entrée. Les toits offrent un amoncellement de tiges de cotonniers, de nervures de palmiers, au travers desquelles s'échappe doucement la fumée des feux. Autour des feux rôdent les chèvres, les moutons, et l'inévitable chien paria. Les fenêtres, lorsqu'il y en a, sont simples ouvertures percées dans les murs de boue ; elles n'ont ni carreaux, ni volets, mais souvent un treillage en feuilles de palmiers. Ainsi aménagées, ces pauvres cabanes ne reçoivent qu'une faible lumière et sont à peine aérées. De vastes tapis, des pots à eau, quelques ustensiles de cuisine constituent tout le mobilier. Mais le fellah est toujours dehors, ainsi que sa femme et ses enfants : la maison ne lui sert que pour les repas et pour la nuit.

Chaque village a une maison pour ses hôtes, un peu mieux installée que les autres. Un des côtés est entièrement ouvert à l'air. Le voyageur respire

SOURCE BIENFAISANTE DANS UNE VILLE DU SUD

librement, si son sommeil est parfois interrompu par les bêlements et les mugissements des bestiaux errant dans les prairies. La nuit, les paysans allument un feu de tiges de blé, dont la fumée éloigne les légions de mouches et de moustiques qui infestant le pays ; la chaleur du foyer est parfois précieuse, car les nuits sont souvent très froides. A la clarté du feu et de quelques lanternes blafardes, le chef partage avec son hôte son frugal repas du soir.

Le voyageur trouve parfois une hospitalité plus confortable chez les riches propriétaires de la contrée. Leurs maisons sont vastes et convenablement meublées à la mode turque : tout autour s'étendent des jardins bien plantés, où l'on peut se reposer agréablement, entre des vignes et des figuiers, au milieu des grenades et des abricots. Le maître a bonne mine et sa mise est soignée. Il reçoit son hôte à la porte de sa maison, ou s'avance au-devant de lui, l'aide à descendre de cheval : puis, après l'avoir salué cérémonieusement, il le conduit à sa chambre. On présente des bonbons et du café avant le repas, qui sera plantureux, car l'hospitalité, dans ces maisons luxueuses, se manifeste par une véritable fête qu'on donne en l'honneur de l'invité.

Les mets sont placés sur le " sannieh " ou plateau bas qui tient lieu de table. Les places sont marquées par les pains plats, entourés de petits plats de salade et de condiments divers. Avant de manger, une servante apporte le " tisht wa abrik," pot et cuvette de cuivre, remplis d'eau, et les invités se lavent les mains et la bouche.

Le repas commence toujours par une soupe graisseuse, dans laquelle on verse un bol de beurre fondu. Les convives se servent de leur cuillère, seul accessoire qui prenne place sur le plateau : chacun plonge à même le bol posé au milieu de la table. Cette soupe est suivie de poissons, de pigeons, de ragoûts variés, de salades : on mange avec les mains ; les convives se font de mutuelles politesses, offrant à leurs voisins les meilleurs morceaux. Le plat principal est souvent un dindon rôti, bourré de noix, ou, dans les grandes occasions, un agneau entier ; le maître de maison oû l'hôte de marque doivent couper le plat habilement, sans le secours d'un couteau ou d'une fourchette.

L'eau est souvent aromatisée avec des feuilles de rose ou de verveine : elle est conservée dans des pots poreux que les servantes présentent, pendant le repas. On sert toujours, à la fin du dîner, un plat de riz bouilli au lait et sucré avec du miel : c'est un mets délicieux, mais qui se mange avec la même cuillère qui a servi pour la soupe.

Tel est le menu des gens riches. Le fellah se nourrit de riz et de pain de blé ; il mange quelques légumes, de la canne à sucre, parfois un peu de viande ou du poisson pêché dans le canal. L'eau est la boisson courante : le café est un luxe qu'on s'offre rarement. La vie de ces gens est fort simple ; ils n'interrompent leurs travaux rustiques que pour un mariage, pour la fête du village, ou, dans les centres plus populeux, pour ces fêtes religieuses périodiques qu'on appelle " muled."

Les "muleds" sont splendides au Caire et dans les grandes villes ; elles durent souvent plusieurs jours. Les affaires s'arrêtent, comme chez nous au mardi gras ou au jour de l'an. On voit s'élever au milieu des places de joyeuses baraques où l'on danse ces danses bizarres de l'Orient. Des masques et des sorcières donnent la comédie dans les rues : ce sont de tous côtés, comme dans nos pays d'Europe, les classiques chevaux de bois, les bateaux-balançoires, les baraques et les brouettes de bonbons, de poupées et de jouets. Chacun porte ses plus beaux vêtements ;

à la nuit tombante, on tire des feux d'artifice qui enchantent ce peuple simple. Les fêtes principales sont le " Muled-en-Nebbi," anniversaire de la naissance de Mohammed, et l' " El-Hussanen," dédié au petit-fils du prophète, qui fut martyrisé. Bien que musulmans, les Egyptiens célèbrent aussi la naissance du Christ ou " Eed-ci-Iman." Ils observent le jeûne du Ramadan, plus strict que celui de nos catholiques : car, pendant les quarante jours qu'il dure, du lever au cocher du soleil, ils ne boivent ni ne mangent. L'abstinence n'est pas imposée d'ailleurs aux vieillards, aux malades, aux infirmes, à ceux qui sont employés à des travaux pénibles. Les derniers jours du Ramadan rappellent notre jour des morts. Chaque famille visite ses morts ; on dépose des guirlandes sur les tombes ; souvent on passe la nuit, au cimetière, dans de petites baraques construites pour la circonstance.

Ainsi, la religion tient une grande place dans la vie de ce peuple : aux heures de repos, les causeries prennent volontiers une tournure pieuse. La croyance au prophète est vivace chez les Egyptiens. A chaque instant, ils invoquent Allah et le glorifient, assurés qu'ils trouveront auprès de lui une protection efficace. Cette piété fervente, inébranlable, étonne souvent les étrangers, qui sont assez portés à considérer la religion musulmane comme une religion grossière et déformée. Ils seront surpris par la beauté des doctrines, par la valeur des principes moraux sur lesquels elle repose, ainsi que par la noblesse de sentiments de ceux qui vivent suivant la loi du prophète. Cette religion n'a qu'un défaut, fort grave, il est vrai. C'est une doctrine fataliste, qui ne tient pas compte des individus et qui tend à ruiner l'initiative personnelle. " Dieu a donné, Dieu a repris, béni soit le nom de Dieu " ; telle est la formule courante des musulmans, pour tous les événements de leur existence. Cette conviction, qui n'a fait que s'implanter plus profondément dans l'âme des Égyptiens, au cours des siècles de servitude qu'ils traversèrent, a affaibli singulièrement en eux ces qualités d'audace, de confiance, ce sens des responsabilités, sans lesquels un peuple ne saurait accomplir de grandes choses.

Pourtant le développement de l'instruction, le contact des civilisations européennes semblent, depuis quelque temps, avoir secoué l'inertie de ce peuple, qui s'endormait sous le poids trop lourd de ses gloires passées. Des sentiments d'ambition et d'indépendance se manifestent dans les nouvelles générations : un mouvement national se dessine, hostile au joug étranger, et tente de renouer les traditions interrompues de la race indigène. Des actions d'éclat accomplies par l'armée égyptienne, avec un matériel d'occasion, attestent l'activité persistante de cette nation à laquelle il ne manque qu'une direction ferme pour reprendre pleinement conscience de ses droits et de ses devoirs. Actuellement la grande masse du peuple est encore peu instruite et volontiers fanatique. Mais on rencontre chez ces gens simples une grande douceur, une grande bonté ; ils ont bon caractère et goûtent les plaisanteries ; ils aiment beaucoup leurs enfants et témoignent aux vieillards un respect touchant. Leur conduite nous inspire souvent une sympathie profonde, tandis que leurs défauts trouvent une excuse dans les siècles d'ignorance et d'esclavage qui leur furent imposés.

C'est surtout la condition des femmes dans ce pays qui choque nos idées d'Européens : les Égyptiens, ainsi que les autres peuples musulmans, considèrent que la femme n'a pas d'âme. Aussi la traite-t-on sans égards. Dès l'enfance, elle est employée aux travaux les plus pénibles. Il lui est interdit d'entrer dans les mosquées, même aux heures de la prière, et jusqu'en ces derniers temps, les garçons, d'ailleurs peu instruits, apprenaient surtout à renier leurs sœurs. On comprend alors que ces jeunes filles, dont parfois, dans les champs, nous admirons la souplesse et la beauté, grandissent ainsi que des animaux gracieux, indifférents aux devoirs de la vie ; devenues femmes et mères, elles n'ont pas sur leur entourage cette influence qui donne à nos races occidentales leur raffinement et leur délicatesse.

CHAPITRE IX

LE DÉSERT — LA VIE DES TRIBUS NOMADES

Autour de l'étroite vallée du Nil, qui forme l'Égypte habitable et civilisée, les solitudes s'étendent jusqu'à l'infini : vagues immenses de sables, d'où émergent fantastiquement des roches poudreuses et des contreforts escarpés. On est volontiers porté à se représenter le désert comme une surface plate, uniforme, sans relief comme sans couleur. La plus grande diversité règne pourtant dans ces solitudes, où, à chaque instant, des transformations imprévues se manifestent. D'abord c'est toute la gamme des colorations lumineuses et des chauds rayons de soleil qui se reflètent avec intensité dans ces vastes étendues. Le sol même change d'aspect selon les régions : les déserts qui entourent Assouan ont une teinte grise que leur donne le limon du Nil et la poussière de granit qui les a formés ; les sables de Nubie, où flottent des cristaux de grès poudrés, ont d'étranges lueurs dorées, tandis que les sables épars autour des provinces du Caire et du Delta, mêlés de poussières calcaires, resplendissent d'une éclatante blancheur. Le Sahara même n'est point, ainsi qu'on l'imagine souvent, une plaine morne et désolée : il se couvre par endroits d'une folle végétation d'herbes sauvages qui ondulent, ainsi que de vertes prairies.

Le sol n'est pas uni ; de place en place, il s'élève en larges crêtes de sable, semblables à des vagues énormes qui se seraient figées tout d'un coup en une immobilité millénaire. Les escarpements montagneux, les vallées, fendus et traversés de toutes parts par les tremblements de terre, ont des formes tourmentées, d'une étrangeté grandiose. Des plantes sauvages poussent librement dans les sables arides et s'accrochent aux aspérités des falaises : hysopes, ficoïdes, buissons épineux ; des fleurs aussi, petites, mais d'une infinie variété. En certains défilés montagneux, c'est un tel luxe d'herbes et de fleurs que les rochers semblent de véritables jardins, étagés en terrasses.

D'heure en heure, le spectacle change, et les jeux de la lumière transforment le paysage. A l'aube, les solitudes apparaissent comme baignées d'ombres mauves et violettes : le soleil illumine brusquement les horizons lointains ; son globe monte, radieux, dans une atmosphère lumineuse. Tour à tour, les buissons et les roches s'éclairent de lueurs dorées et projettent sur les sables des ombres bleutées. A midi, le desert est comme embrasé et baigné d'une chaleur moite : dans l'atmosphère lourde et surchauffée, les contours s'effacent, les couleurs s'estompent : il semble que les choses se tassent et se dérobent, comme absorbées par une chaleur trop vive. Mais c'est surtout le soir, par une nuit froide et claire, que le désert prend des aspects étranges : les rayons de la lune glissent sur les sables comme sur une nappe liquide, aux reflets argentés. Les arêtes des rochers ont une dureté métallique qui précise leurs formes et aiguise leurs pointes effilées. Il semble qu'on chemine en un pays de rêve, au milieu d'apparitions fantastiques.

Le sol est semé de cailloux, de fossiles pétrifiées, de pierres aux teintes vives : onyx, coralines, agates de toutes nuances et de toutes dimensions. Chaque touffe d'herbes donne asile à des variétés infinies d'insectes, qui nourrissent les araignées et les lézards :

les oiseaux sauvages planent dans les airs, ou se posent, à l'affût, au sommet des rochers. Les loups et les renards rôdent et donnent la chasse aux petites gazelles. Les chèvres grimpent sur les talus des falaises ; près des routes suivies par les caravanes, on rencontre des hyènes et des chacals, guettant un animal abandonné sur le chemin.

Les insectes et les animaux ne sont pas d'ailleurs les seuls hôtes du désert : des hommes errent dans ces solitudes, cherchant l'eau et la nourriture de leurs troupeaux. Il n'est pas commode d'entrer en relations avec ces Bédouins, que leur vie nomade a rendus sauvages ; au reste, le voyageur qui traverse ces contrées les évite autant que possible. Plusieurs tribus pourtant se sont fixées aux confins de l'Égypte habitée à proximité des champs et des fermes occupés par les fellahs. Cette permission leur fut octroyée par Ismaïl-Pacha, en retour du service militaire qui leur fut imposé, mais plutôt, en réalité, pour les tenir sous une surveillance plus étroite. Le touriste qui s'arrêtera dans leurs campements de Béni-Ayoub ou de Fel-Bédawi trouvera chez eux une hospitalité courtoise. Leurs camps offrent à la vue une longue file de tentes, alignées avec une rigueur toute militaire : plus d'un millier d'hommes peuvent s'y installer aisément. Le chef possède une maison construite en pierre où il accueille ses hôtes. Les tentes sont larges, faites de draps épais, en laine de chèvres, aux teintes variées, portées par des perches. De longs glands pendent aux coutures. Des bandes de drap divisent la tente en différentes pièces. Le soir, on étend sur la table des paillassons ou des tapis qui tiennent lieu de lits. On suspend aux parois les sacoches, les harnachements des chameaux et des chevaux, ainsi que des boîtes ornementées et peintes renfermant les effets et le bagage des hommes. Dans

FANTASIA ARABE

un coin une rangée de "zirs" contiennent l'eau potable. A la porte se dresse la longue lance de l'occupant, et le large pot en terre qui sert à cuire les aliments. Les dindes, les poules errent librement, ainsi que les gazelles, tandis que les chiens montent la garde. Les enfants jouent autour des tentes, tandis que leur mère tisse au métier à main ou s'occupe à préparer le frugal repas du soir.

Les Bédouins sont dignes et réservés : ils dédaignent l'Égyptien, trop bruyant à leur gré. Ils aiment passionnément leurs femmes et leurs enfants. Ce sont des hommes grands et robustes, aux traits aquilins; leurs yeux brillent au travers du "cufia," large châle carré dont ils s'enveloppent la tête. Ils portent des vêtements flottants : un manteau noir couvre leurs "khaftans" ou vêtements de dessous, faits de bandes blanches ou de couleur ; ils sont chaussés de bottes en cuir souple. S'ils ont conservé la lance traditionnelle, beaucoup possèdent des fusils modernes : les chefs ont aussi de splendides épées recourbées, d'un travail merveilleux, qui leur pendent en travers des épaules, retenues par une corde de soie.

Les femmes sont également habilées de vêtements flottants : les vêtements de dessus, d'une étoffe grossière, recouvrent des tissus plus fins, aux nuances délicates. Elles ont une beauté fière, des lignes pures ; leurs cheveux noirs font valoir leur teint foncé de gypsées.

Les Bédouins errent d'oasis en oasis : ils vont de puits en puits, cherchant l'eau et la nourriture pour leurs nombreux bestiaux. Souvent, pour assurer leur ravitaillement, ils abandonnent leur camp, emmenant les conducteurs de chameaux, et laissent leurs femmes s'adonner aux travaux du ménage ou au tissage. Ce sont aussi de grands éleveurs de chevaux : fréquemment, ils partent au loin pour vendre leurs chevaux.

Excellents cavaliers, ils sont passionnés pour les sports équestres. Ils organisent de grandes joutes, des jeux au javelot, véritables mêlées où s'engagent des centaines de cavaliers. Ce n'est qu'un divertissement, mais ils s'y livrent avec une telle fougue que les accidents ne sont pas rares, et que plus d'un d'entre eux y trouve la mort.

Le Bédouin est très attaché à son cheval, qu'il élève et dresse lui-même avec un soin minutieux. Ce sont des animaux magnifiques, d'une vigueur et d'une légèreté remarquables, sauvages d'ailleurs avec tout autre que leur maître.

La chasse tient aussi une grande place dans les occupations des nomades ; elle rompt la monotonie des longs voyages dans le désert. Ils ont des faucons dressés à la chasse aux gazelles ; souvent aussi, ils apprivoisent des léopards.

Lorsque les tribus voyagent, elles emportent des tentes plus petites que celles qu'on voit dans les campements ; les lourds bagages sont chargés sur les chameaux qui portent aussi les femmes et les enfants. Les chameaux sont souvent appelés les vaisseaux du désert ; ce sont certainement les animaux les plus utiles, dans ces longues marches à travers les plaines arides. Leurs larges pattes ne s'enfoncent pas dans le sable mou, ils portent aisément des poids énormes, et peuvent cheminer des journées entières sans boire ni manger. Les femmes sont assises sous les baldaquins : sur les flancs des chameaux pendent les sacoches qui contiennent l'eau et la nourriture. Des hommes armés escortent toujours le convoi.

Ces voyages sont pénibles, des nuages de poussière enveloppent la caravane ; les roches sont surchauffées par le soleil, si brûlantes qu'on ne pourrait les toucher de la main. Par contre, les nuits sont souvent extrêmement froides ; le sable n'est pas assez épais pour retenir la chaleur, et le sel dont il est imprégné refroidit l'atmosphère. Les vents chauds du désert sont pourtant plus fatigants encore ; ils soufflent souvent pendant des jours entiers, séchant l'eau dans les peaux qui la renferment, tandis que les hommes sont suffoqués par les sables qui tourbillonnent et criblent le visage de piqûres pénétrantes.

Lorsqu'on s'est mêlé un peu à la vie de ces tribus nomades, on s'explique leur caractère réservé, leur humeur un peu sombre et taciturne. Ces hommes voient la nature dans ses mauvais jours, sous ses aspects les plus rudes ; ils ne connaissent pas la vie facile des paysans du Delta, leurs chaumières paisibles au milieu des gras pâturages et des moissons fertiles. Pourtant le Bédouin n'est pas d'un commerce désagréable : sous sa rude écorce, on découvre des sentiments nobles et délicats, des sympathies profondes. Il a pour sa famille une affection des plus vives : au rebours du fellah, il témoigne à sa femme des égards particuliers. Il a pour son cheval un attachement qui fut légendaire de tout temps : il traite d'ailleurs tous les animaux avec la plus grande douceur.

L'union la plus complète règne entre les différents membres d'une tribu. L'autorité s'exerce d'une façon toute patriarcale. Le chef de la tribu n'est pas un maître : il est le père de ses enfants, et fait respecter les traditions d'honneur et d'équité. Comme son frère, le fellah d'Egypte, le Bédouin, habitant du “ sol noir,” nous offre le tableau d'une vie simple, idyllique, telle que notre imagination peut la concevoir, à travers les récits imagés de la Bible.

Dans ces mornes étendues qui semblaient vouées à la solitude éternelle, inaccessibles à l'homme et à la civilisation, il continue pieusement les traditions que des siècles de vie nomade lui léguèrent : toute la poésie de l'Orient se maintient en lui, immuable, comme ces sables millénaires qui couvrirent de leur linceul mouvant les ruines et l'âme de la vieille Egypte.

FIN

TABLE DES MATIÈRES

PAGES

PRÉFACE PAR JEAN AICARD 5

CHAPITRES

I. L'ÉGYPTE A TRAVERS LES ÂGES 11

II. LA CÔTE : ALEXANDRIE — PORT-SAÏD — LE DELTA 23

III. LE CAIRE. I : VUE GÉNÉRALE — LES QUARTIERS ARABES — LES RUES — LA FOULE — LES BOUTIQUES — LES MAISONS ARABES — BAZARS ET VIEILLES AUBERGES 28

IV. LE CAIRE. II : LES MOSQUÉES — LE CIMETIÈRE DES MAMELOUKS — LE DÉSERT MEMPHITE : LE SPHINX ET LES PYRAMIDES — LES TOMBEAUX DES APIS — LE MUSÉE DES MOMIES AU CAIRE 44

V. PAYSAGES DU NIL 56

VI. DU CAIRE A LOUXOR — SIOUT — KÉNEH — RUINES ET TEMPLES ANTIQUES : ABYDOS — DENDÉRAH — LOUXOR — THÈBES 66

VII. PAYSAGES DU SUD : ESNEH — EL-KAB — EDFOU — ASSOUAN — LA CATARACTE ET LE TEMPLE DE PHILÆ — LA NUBIE 84

VIII. LE PEUPLE ÉGYPTIEN 96

IX. LE DÉSERT — LA VIE DES TRIBUS NOMADES 106

TABLE DES ILLUSTRATIONS

	PAGES
Les Pyramides de Gizeh vues du désert	*Frontispice*
Irrigation des Champs	20
Palmeraie, le soir	29
Café arabe au Caire	40
Intérieur d'une Mosquée	49
Une rue au Caire	60
Village au bord du Nil	69
Première cataracte, vue de l'île Eléphantine	80
Les colosses de Rhodes — Effet de Lune	89
Source bienfaisante dans une ville du Sud	100
Fantasia arabe	109
Intérieur de la Mosquée du sultan Kelaun	*Couverture*

Carte de l'Egypte, page 4

LES ARTS GRAPHIQUES
IMPRIMEURS — ÉDITEURS
VINCENNES

BIBLIOTHEQUE NATIONALE DE FRANCE
3 7531 01021436 0

www.ingramcontent.com/pod-product-compliance
Ingram Content Group UK Ltd.
Pitfield, Milton Keynes, MK11 3LW, UK
UKHW021104200726
13857UKWH00003B/1085

9 782012 860193